AF649439

Sitzungsberichte
der Akademie der Wissenschaften
der DDR
Mathematik – Naturwissenschaften – Technik

5 N
1977

Hormonale und humorale Informationsübermittlung durch Peptide als Mediatoren

AKADEMIE-VERLAG · BERLIN

Sitzungsberichte
der Akademie der Wissenschaften
der DDR
Mathematik — Naturwissenschaften — Technik

Jahrgang 1977 · Nr. 5/N

Hormonale und humorale Informationsübermittlung durch Peptide als Mediatoren

AKADEMIE-VERLAG · BERLIN
1977

Vorträge, die auf dem Wissenschaftlichen Kolloquium am 17. und 18. März 1976 gehalten wurden. Das Kolloquium wurde von der Klasse Biowissenschaften der Akademie der Wissenschaften der DDR veranstaltet.

Herausgegeben im Auftrage
des Präsidenten der Akademie
der Wissenschaften der DDR
von Vizepräsident Prof. Dr. Heinrich Scheel

Erschienen im Akademie-Verlag, 108 Berlin, Leipziger Straße 3—4
© Akademie-Verlag Berlin 1977
Lizenznummer: 202 · 100/248/77
Gesamtherstellung: VEB Druckhaus Köthen
Bestellnummer: 753 326 9 (2010/77/5/N) · LSV 1325
Printed in GDR
DDR 12,— M

Inhalt

Manfred Gersch

Neurosekretorische Peptide als Mediatoren der Informationsübermittlung bei wirbellosen Tieren

Zur Steuerung und Koordination seiner Funktionen verfügt der tierische Organismus über das nervöse und das hormonale System. Dementsprechend gilt allgemein die Auffassung, daß die Informationsübermittlung nervös ist, wenn die Codierung über das Nervensystem erfolgt und hormonal, wenn der Code chemisch ist. Gegenüber dieser Feststellung ist eine gewisse Einschränkung schon deshalb angebracht, weil sich innerhalb des Nervensystems zumindest im Bereich der Synapsen die Informationsübertragung auf chemischem Wege mit Hilfe der Transmittersubstanzen vollzieht. In diesem Fall wird der nervöse Code in einen chemischen und von diesem wiederum in einen nervösen übersetzt.

Mit dem Begriff Transmitter verbindet sich zumeist die Vorstellung des Überträgerstoffes in den motorischen Endplatten von Wirbeltieren oder in den Synapsen der parasympathischen Fasern des Herzmuskels von Amphibien und Säugetieren sowie in den Synapsen zwischen prä- und postganglionären Neuronen des vegetativen Nervensystems der Wirbeltiere. In diesen Fällen ist Acetylcholin der Transmitter. Seine Reaktion mit Rezeptormolekülen der subsynaptischen Membran setzt die synaptische Übertragung in Gang. Neben diesen cholinergen Synapsen unterscheidet man noch andere Neuronentypen mit jeweils verschiedenen Überträgerstoffen, von denen außer Adrenalin und Noradrenalin vor allem noch Dopamin und 5-Hydroxytryptamin zu nennen sind. Einige Aminosäuren fungieren ebenfalls entweder in einzelnen Regionen des Nervensystems oder bei bestimmten Tiergruppen als Transmitter. Ungeachtet dessen gilt die Funktionsweise des Acetylcholins als Modell für alle chemischen synaptischen Übertragungen.

Neuere Erfahrungen bei verschiedenen Tiergruppen zeigen, daß Peptide oder niedermolekulare Proteine als Mediatoren der Informationsübermittlung auftreten. Zielorgane sind bei den wirbellosen Tieren nach allen bisher vor allem für die Mollusken und Insekten bekannten Tatsachen, außer dem Nervensystem selbst, eine Reihe innerer Organe, wie z. B. Mittel- und Enddarm, Speicheldrüsen, Aorta u. a. Für den Bereich des Nervensystems sind die axo-axonalen Kontakte von besonderem Interesse. Bei den Mollusken stellen sie die einzigen intraneuronalen Verbindungen dar, da bei den Neuronen dieses Tierstammes keine Dendriten ausgebildet sind.

Die rektalen Systeme der Wasser- und Ionenreabsorption vor allem der Orthopteren und Dipteren (Insekten) sind als Beispiele für eine mögliche Steuerung ihrer Funktion durch neurosekretorische Peptide als Mediatoren sowohl wegen ihrer morphologischen als auch ihrer physiologischen Gegebenheiten besonders hervorzuheben. Morphologisch sind die zahlreichen Axonendigungen, wie sie z. B. in den Rektalpapillen der Schmeißfliege *Calliphora erythrocephala* angetroffen werden, mit ihren Neurosekretgranula enthaltenden Vorwölbungen kaum anders als Orte der Freisetzung und Steuerung zu deuten, wofür außerdem der enge Kontakt mit den Trachealzellen spricht. Diese Auffassung wird durch physiologische Feststellungen unterstützt, die zeigen, daß die Rektaldrüsen durch Neurohormone bzw. Neurosekrete experimentell zu beeinflussen sind.

Ein weiteres in dieser Hinsicht besonders eindrucksvolles Beispiel liefert das Insektenherz. Bemerkenswert deshalb, weil hier wiederum außer den morphologischen bzw. submikroskopischen Daten der Innervierung durch neurosekrethaltige Axone experimentelle Befunde die funktionelle Beteiligung der neurosekretischen Peptide bei der Steuerung der Herztätigkeit aufzeigen.

Gegenstand besonderer Beachtung sind die Kontaktstellen zwischen den neurosekretorischen Axonen und den von ihnen „innervierten" Strukturen. Für die Endigungen peptiderger Nervenfasern in bestimmten Zielorten des Gehirns der Wirbeltiere wird auf Grund elektronenmikroskopischer Feststellungen angenommen, daß diese neurosekretorischen Axone mit Nachfolgeneuronen axosomatische bzw. axodentrische Synapsen bilden. Derartige Kontaktstellen bei wirbellosen Tieren, die entweder an Axonendigungen oder auch an bestimmten Stellen im Verlauf neurosekrethaltiger Axone auftreten, sind durch die dort anzutreffenden Granulapopulationen verschiedener Größenordnung gekennzeichnet. Die größeren elektronenmikroskopisch dichten und stets von einer Membran umgebenen lassen sich — in günstigen Fällen mittels immunologischer Methoden — als peptiderg charakterisieren. An solchen Stellen ist dann auch das Axolemma nicht von Schwannschen bzw. Gliazellen umkleidet. Es kommt jedoch zu keinem direkten Kontakt der Axone mit der Effektorstruktur. Im Falle von solchen Kontaktzonen mit Muskulatur muß daher angenommen werden, daß das neurosekretorische Material in die unmittelbare Nachbarschaft der Muskelzellen entlassen wird und von da in das Stroma und die Haemolymphe diffundiert, um auf diese Weise einen größeren Bereich der Membran zu erreichen. Für diese Axonterminale ist eine der klassischen synaptischen Transmission entsprechende Wirkungsweise nicht in Betracht zu ziehen. Es wird daher, abgesehen von einer möglichen trophischen Funktion, vor allem eine modifizierende bzw. modulierende Wirkungsweise angenommen.

Da derartige Nervenendigungen mit elektronendichten Granula in enger Beziehung zur quergestreiften Muskulatur nicht nur bei wirbellosen Tieren (Mollusken, Insekten), sondern auch bei Wirbeltieren (Amphibien) anzutreffen sind, scheinen auch bei Wirbeltieren diese Verhältnisse vielgestaltiger zu sein, als es allein die axodentrischen bzw. axosomatischen Kontaktzonen der Hirnbereiche annehmen lassen.

In den Kontaktbereichen der Wirbellosen finden sich außer den neurosekretorischen „Elementargranula" meistens zudem noch elektronenoptisch sichtbare, kleinere, klare Vesikel (350—500 Å). Deren Herkunft bleibt zumindest bei den Invertebraten umstritten. Für die Vertebraten konnte dagegen die Entstehung solcher Vesikelpopulationen als Folge von Mikropinocytosevorgängen zweifelsfrei nachgewiesen werden. Dabei ist jedoch die heterogene Herkunft solcher Vesikel auch hierbei nicht völlig auszuschließen.

Auf Grund der Ähnlichkeit dieser Vesikel mit jenen in cholinergen Synapsen wurde dafür auch der Begriff „synaptische Vesikel" benützt, obgleich eine cholinerge Natur dieser Strukturen nicht erwiesen und auch nicht wahrscheinlich ist. In Analogie zur neuronalen Transmission hat das Vorkommen „synaptischer" Vesikel zusammen mit neurosekretorischen Granula und dem Kontakt mit dem Membransystem von Neurohaemalorganen zu dem Begriff des „Synaptoids" geführt. Diese Bezeichnung wurde in der Folge auch auf Kontakte solcher Terminalen mit anderen Axonen, Gliazellen, endokrinen Zellen, Muskel- oder endokrinen Drüsenzellen ausgedehnt.

Allerdings besteht mit dem Begriff „Synaptoid" für die Kennzeichnung der Kontakt- und Freisetzungsorte die Gefahr, daß damit die Vorgänge an solchen Zonen zu sehr auf die synaptische Transmission bezogen werden.

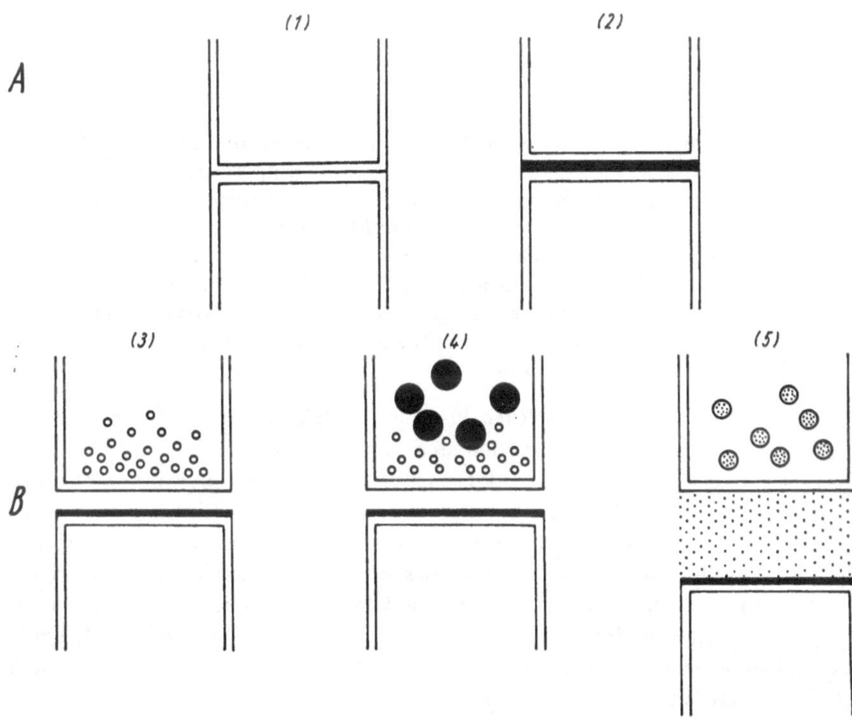

C

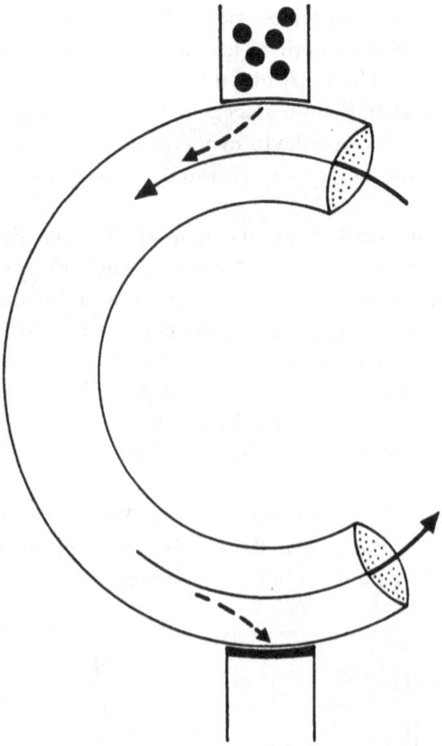

Abb. 1. Schematische Übersicht über verschiedene Arten von Kontakten: A: Direkte Zellkontakte (1) Nexus (2) auch als „close junction" bezeichnet. B: Synapsen (3) Typus der cholinergen Synapse (4) Axonale Endigung eines peptidergen Axons bildet mit einer anderen Zelle einen Zellkontakt. Die wesentlichen Kriterien einer Synapse treffen auch für diese Struktur zu. Im präsynaptischen Raum befinden sich neurosekretorische Granula und kleinere Vesikel (5) Synapse „per distance". Als Transmitter können hier Catecholamine fungieren. C: Typus eines Synaptoids. Im Gegensatz zu den Formen synaptischer Verbindung erfolgt die Vermittlung der Überträgersubstanzen nicht auf direkte Weise, sondern über den Blutweg

Daher sollte eher zwischen solchen Membrankontakten neurosekretorischer Terminalen, die einen direkten, unmittelbaren Kontakt mit dem Effektor bzw. dem Rezeptor herstellen, und solchen unterschieden werden, deren Rezeptor erst durch Zwischenschaltung des Blutweges erreicht wird. Erstere entsprechen prinzipiell den als Synapsen zu kennzeichnenden Kontakten, ungeachtet dessen, daß hierbei verschiedene morphologische Varianten vorliegen und verschiedene Substanzen bei der chemischen Transmission beteiligt sein können. Letztere würden allein als Synaptoide zu kennzeichnen sein. Eine Übersicht über die phylogenetisch denkbare Ableitung der als Synapsen einzuordnenden nervösen Kontaktstellen und ihre Abgrenzung von Synaptoiden vermittelt Abb. 1.

Für eine weitere Aufklärung dieser Verhältnisse dürften wiederum besonders die verschiedenen Tierstämme der Wirbellosen besonders geeignet sein. Bei der weiten Verbreitung der Neurosekretion und ihrer umfassenden funktionellen Bedeutung zur Koordination bei Evertebraten ist mit Sicherheit damit zu rechnen, daß weit mehr derartige Formen der Innervierung durch neurosekrethaltige Axone existieren, als bisher für einige Gruppen analysiert wurden. Zusätzliche submikroskopische Kenntnisse über möglicherweise noch andere Formen von Kontaktstrukturen des Nervensystems versprechen damit auch grundsätzliche weitere Hinweise zur Frage der Informationsübermittlung auf diesen Wegen.

Die verschiedenen *experimentellen* Tatsachen, die eine Steuerung physiologischer Prozesse durch neurosekretorische Peptide als Mediatoren auf den verschiedenen Organisationsebenen zeigen, können als weiterer Beleg für die Verbreitung dieser Koordinationsweise gelten.

Neurosekretorische Peptide als Mediatoren bei der Regulierung verschiedener Funktionen

Es scheinen bestimmte Arten von Verhaltensweisen bevorzugt durch neurosekretorische Peptide als Mediatoren gesteuert zu werden, soweit aus den bisher bekannt gewordenen Fällen eine Verallgemeinerung zulässig ist. Insbesondere betrifft das das Sexualverhalten. Zu solchen Verhaltensweisen zählt das Ablaichen bzw. die Eiablage bei manchen Mollusken, Echinodermen und Insekten. Ein besonders klares Beispiel liefert die Meeresschnecke *Aplysia*, die sich vielfältig als ein sehr günstiges Objekt für wichtige neurobiologische Erkenntnisse in jüngster Zeit erwiesen hat. In unserem Fall konzentriert sich die Aufmerksamkeit auf das Abdominalganglion. Es setzt sich aus 3 Gruppen von Neuronen zusammen: Pigmentzellen, weißen Zellen und den sog. „bag-Zellen“. „Bag“-Zellen und weiße Zellen haben die morphologischen Eigenschaften von neurosekretorischen Zellen. Die „bag“-Zellen liegen in zwei Gruppen von jeweils etwa 400 Zellen beidseitig an den Pleuralkonnektiven und produzieren ein Neurohormon, das durch Auslösung lang anhaltender Kontraktionen der Muskulatur der Ovidukte die Eiablage steuert.

Dementsprechend kommt es gemäß den Befunden von Coggeshall, Kupfermann und Kandel innerhalb einer Stunde nach Injektion eines Abdominalganglionhomogenates zur Eiablage, während Extrakte anderer Ganglien wie übrigens auch die Polypeptid-Neurohormone der Vertebraten wirkungslos bleiben.

Die „bag“-Zellen besitzen interessante elektrophysiologische Eigenschaften, die die Voraussetzung für ihre Steuerfunktion der Eiablage darstellen. 1. „Bag“-Zellen, die gewöhnlich „silent“ sind, können auch im isolierten Ganglion durch kurze Schwellenstimulation zu einer lang anhaltenden Spike-Aktivität getriggert werden. 2. Während der Aktivitätsphase sind die „bag“-Zellen weitgehend unempfindlich gegenüber weiterem Input. Und 3. schließlich sind alle „bag“-Zellen innerhalb einer Gruppe immer synchron aktiv. Durch diese Verhältnisse wird vermutlich die rasche Freisetzung einer vorher fixierten Hormonmenge gewährleistet. Das synchrone Feuern aller 400 „bag“-Zellen innerhalb einer Gruppe und das exzitatorische Koppeln zwischen den Gruppen beider Seiten bewirken, daß ein offensichtlich vorprogrammiertes Antwortmuster getriggert wird.

Bei dem Seestern *Asterias forbesi* stellten CHAET und McCONNAUGHY (1959) fest, daß die Injektion von Radialnervenextrakt in die Coelomhöhle reife Männchen und Weibchen zur Abgabe der Geschlechtsprodukte veranlaßt. Ähnliche Beobachtungen machten wir zur gleichen Zeit 1957 in Neapel, die aber infolge Materialmangels nicht konsequent weitergeführt werden konnten (unveröffentlicht). Das neurosekretorische Peptid von einem Molekulargewicht von etwa 2200 wirkt nicht direkt auf die Ovarien, wie ursprünglich angenommen wurde. Dementsprechend wird statt von einer „Gamete-Shadding-Substance“ besser jetzt von einer „Gonad-Stimulating-Substance“ (KANATANI 1973, 1976) gesprochen. Sie triggert die Follikelzellen des Ovars. Es kommt zur Bildung des 1-Methyladenins, das seiner Funktion gemäß als „Maturation inducing substance“ (MIS) bezeichnet wird. Diese Substanz induziert in vivo und in vitro die Reifung und das Ablaichen der Oocyten. Bisher ist allerdings der Wirkungsmechanismus des Peptids auf die Follikelzellen, der zur Bildung und Abgabe der „Maturation-inducing-substance“ führt, nur ungenügend bekannt. Ein Schritt dürfte die Stimulation der Aktivität des Enzyms 1-Methyladenosin-Ribohydrolase durch das Neurohormon sein.

Besonders interessante Beispiele von durch Peptide ausgelösten Verhaltensweisen bieten die Insekten. Dafür lassen sich zwei Ursachen anführen. Einerseits zeichnen sich die Insekten in besonderer Weise durch vielseitige Verhaltensformen aus. Andererseits steuern zahlreiche Neurohormone die unterschiedlichsten Funktionen bei Insekten. Hier interessieren vor allem diejenigen, in denen neurosekretorische Peptide als „Releaser-Faktoren“ des Sexualverhaltens fungieren. Dafür sind in erster Linie die im Zusammenhang mit Begattung und Eiablage bei den Riesenseidenspinnern *Hyalophora cecropia* und *Antheraea polyphemus* ablaufenden Verhaltensformen erwähnenswert (TRUMAN und RIDDIFORD 1970, 1974 TRUMAN 1971, RIDDIFORD 1971). Bei beiden Schmetterlingsarten werden sowohl das der Begattung vorausgehende Lockverhalten als auch das spätere Eiablageverhalten jeweils durch peptiderge Neurosekrete, die von Drüsenzellen der Corpora cardiaca (sog. intrinsic cells) sezerniert werden, gesteuert.

Das von den Corpora cardiaca ausgeschiedene „Rufhormon“ („calling“ hormone) induziert die Freisetzung eines Geschlechts-Pheromons, das nun seinerseits zur Anlockung der Männchen führt. Damit es dann zur Eiablage des begatteten Weibchens kommen kann, bedarf es zunächst eines Triggereffektes der mit Spermien gefüllten Bursa copulathrix auf das Gehirn. Dadurch werden die Corpora cardiaca zur Ausschüttung des für die Eiablage erforderlichen Eiablage-Hormons (oviposition hormone) mit allen damit zusammenhängenden Verhaltensnormen veranlaßt. Bei Verwendung kastrierter Männchen zur Begattung virgiler Weibchen bleiben die Füllung der Bursa copulathrix mit Spermien und dann aber ebenso auch das typische Eiablageverhalten wie bei normal begatteten Weibchen aus. Daß von der Bursa copulathrix begatteter Weibchen ein Triggereffekt auf das Zentralnervensystem bzw. das Gehirn erfolgen muß, um die Freisetzung des Eiablagehormons aus den Corpora cardiaca zu gewährleisten, zeigt die Wirkung der implantierten Bursen in virgile Weibchen im Gegensatz zur Wirkungslosigkeit der implantierten Bursa aus virgilen Weibchen. Ungeachtet dessen, daß weder genaueres über die beiden wirksamen neurosekretorischen Peptide noch über deren Wirkungsmechanismen auf zellulärer bzw. molekularer Ebene ausgesagt werden kann, ist doch die durch die Peptide bedingte Auslösung der programmierten Verhaltensmuster von grundsätzlichem Interesse.

Eine Übersicht über den gesamten Verhaltenskomplex, bei dem das „Eclosion-Hormon" und das „Calling-Hormon" am Zentralnervensystem unmittelbar bestimmte programmierte Verhaltensfolgen triggern, zeigt nochmals das folgende Schema.

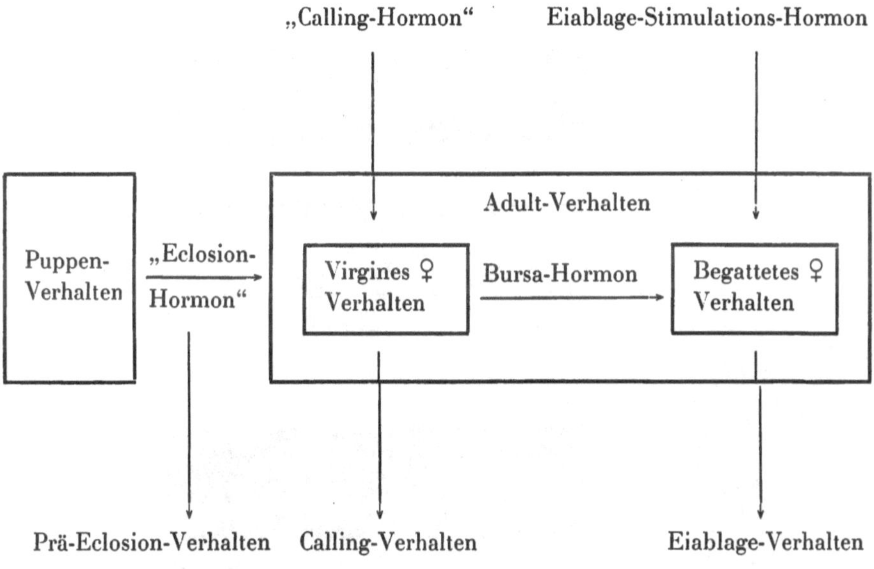

Die Steuerung sexuell bedingter Verhaltensweisen erfolgt auch bei anderen Insektenordnungen sehr wahrscheinlich mit durch neurosekretorische Peptide. Die Männchen der Gottesanbeterin *Mantis* zeigen nach Dekapitation erhöhte Lokomotorik und verstärkte Kopulationsbewegungen. Bei der Gottesanbeterin ist dieses Phänomen in den gesamten Kopulationsvorgang mit eingebaut, weil hier das Weibchen dem Männchen während des Kopulationsaktes den Kopf abbeißt. Ein ähnliches Verhalten wird nach Entfernung des Kopfes bei Schaben beobachtet. Kurze Zeit nach Dekapitation treten an den Extremitäten männlicher Schaben ein verstärkter Tonus sowie Verhaltensformen wie z. B. leichte peristaltische Bewegungen der letzten Abdominalsegmente und koordinierte Bewegungen der Phallomeren auf. Die gleichzeitig durch die Dekapitation im Phallusnerven ausgelösten Salven von Aktionspotentialen beruhen auf der Ausschaltung eines im Unterschlundganglion befindlichen Hemmzentrums. Die gleichen neuralen Erscheinungen am Phallusnerven wie durch Dekapitation können auch durch Applikation von Corpora-cardiaca-Extrakten und durch das aus den Corpora cardiaca isolierte Neurohormon D ausgelöst werden. Das so induzierte Salvenmuster, das dem nach Dekapitation im wesentlichen völlig gleicht, kann für längere Zeit aufrechterhalten werden. Hieraus ist zu schließen, daß dieses Neurohormon auf das dafür verantwortliche inhibitorische Zentrum der Schabe einwirkt, das normalerweise das für die Kopulation bestehende motorische Programm unterdrückt. Für diese Deutung spricht auch die direkte Einwirkung dieses Neurohormon D auf einzelne Neuronen des 6. Abdominalganglions (Abb. 2).

Eines der eindrucksvollsten Beispiele der Releaser-Funktion neurosekretorischer Peptide ist wohl die Funktion des erst jüngst durch schöne Untersuchungen be-

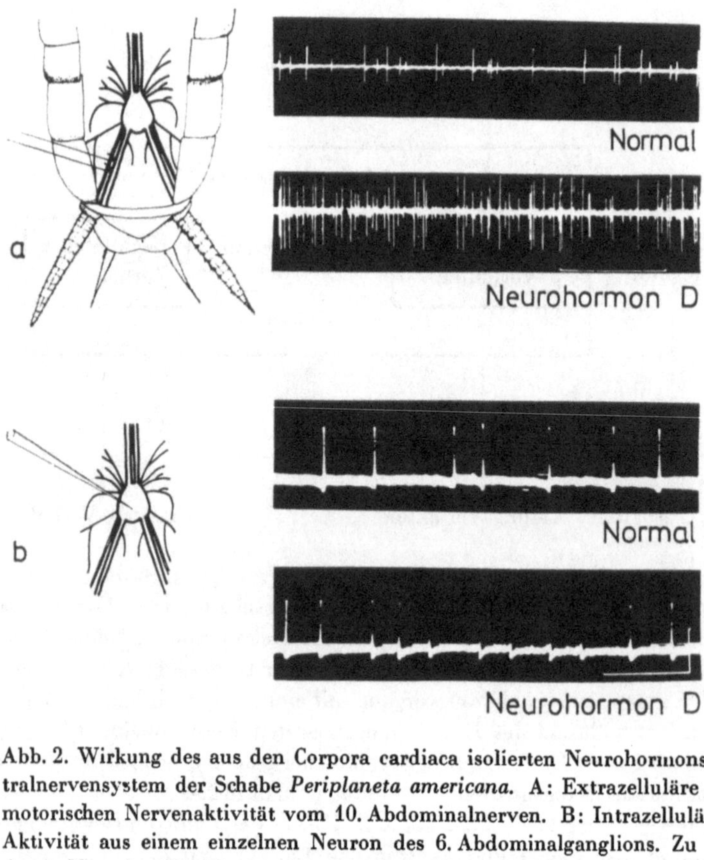

Abb. 2. Wirkung des aus den Corpora cardiaca isolierten Neurohormons D auf das Zentralnervensystem der Schabe *Periplaneta americana.* A: Extrazelluläre Ableitungen der motorischen Nervenaktivität vom 10. Abdominalnerven. B: Intrazelluläre Ableitung der Aktivität aus einem einzelnen Neuron des 6. Abdominalganglions. Zu beachten ist die durch Neurohormon D ausgelöste tonische Nervenaktivität, die sowohl bei extrazellulärer als auch bei intrazellulärer Ableitung aus einzelnen Neuronen deutlich ist (nach Gersch und Richter 1963, Birkenbeil 1971)

kannt gewordenen Schlüpfhormons (eclosion hormone) bei den schon erwähnten Riesenseidenspinnern *Hyalophora cecropia* und *Antheraea pernyi*. Hier soll lediglich das durch dieses Hormon getriggerte Vorschlupfverhalten der Puppen von *Hyalophora* unmittelbar vor dem Häutungsprozeß zur Sprache kommen. Das Vorschlupfverhalten setzt sich aus einer zeitlichen Aufeinanderfolge 3 stereotyper Bewegungen des Abdomens zusammen: einer halbstündigen Phase vornehmlich abdominaler Rotationsbewegungen, einer ungefähr ebenso langen Phase weitgehender Ruhe und der dritten Phase einer Hyperaktivität, die sich aber jetzt durch Peristaltik des Abdomens von hinten nach vorn äußert und somit die Häutung der Puppe zur Imago einleitet. Injektion von Extrakten des Schlüpfhormons, das in den Corpora cardiaca gebildet wird und ein Peptid darstellt, in schlüpfreife *Cecropia*-Puppen oder auch in isolierte Puppen-Abdomina löst den ganzen Verhaltenskomplex aus. Letzteres besagt, daß die für die Auslösung des Vorschlupfverhaltens erforderliche Information in den Abdominalganglien der schlupfreifen Puppe codiert sein muß.

Mittels elektrophysiologischer Methoden an den Nerven der Abdominalganglien läßt sich das bestätigen. Der zeitliche Ablauf und die Aktivitätsphasen spiegeln sich in den Potentialsalven am Dorsalnerven wider. Ebenso kann aber das gleiche Muster durch das Schlüpfhormon am Dorsalnerven afferenzloser Abdominalganglien schlupfreifer *Cecropia*-Puppen ausgelöst werden. Dabei spiegeln sich die für die erste und dritte Phase des Verhaltens unterschiedlichen Verhaltensweisen auch in der Verschiedenheit der Salven wider.

Diese hier nur kurz skizzierten Verhältnisse machen klar, daß die Rotationsbewegungen und die Peristaltik des Abdomens durch zentrale motorische Programme fixiert sind. Ebenso sind die zeitliche Aufeinanderfolge dieser Programme und der Übergang vom motorischen Programm zur folgenden Ruhephase wie im letzten Teil des Verhaltenskomplexes auch umgekehrt zentral codiert. Durch das Schlüpfhormon wird das gesamte Vorschlupf-Verhalten aktiviert und eingeleitet. Dabei ist bisher noch unbekannt, ob das Hormon lediglich zur Triggerung des Programms oder für dessen ganzen Ablauf nötig ist.

Die für die Invertebraten charakteristischen Verhältnisse der Neurosekretion, die im morphologischen Teil angesprochen wurden, sind die wesentlichsten Voraussetzungen dafür, daß die direkte Steuerung von Organfunktionen durch peptiderge Neurosekrete vor allem auch hier angetroffen wird. Dabei scheint wohl allgemein eine modulierende Wirkungsweise durch die peptidergen Neurosekrete in Frage zu kommen. Da in vielen Fällen zunächst nur submikroskopische Hinweise, aber keine physiologischen Kenntnisse über die Art der Regulierung vorliegen, bleiben viele Einzelfragen noch ungeklärt.

Für die Häutungsdrüse der Insekten (zumindest für manche Ordnungen) ist auf Grund ihrer „Innervierung“ durch neurosekretorische Axone anzunehmen, daß außer der hormonalen Steuerung über den Blutweg auch eine nervöse Regulation erfolgt. Zumindest trifft das für Lepidopteren zu, wofür die Verhältnisse bei der Wachsmotte *Galleria mellonella* ein besonders günstiges Beispiel abgeben (Abb. 3).

Um die nervöse Steuerung hier richtig einschätzen zu können, sind einige Bemerkungen zu den speziellen Verhältnissen dieses Objektes und den vorliegenden Befunden vorauszuschicken.

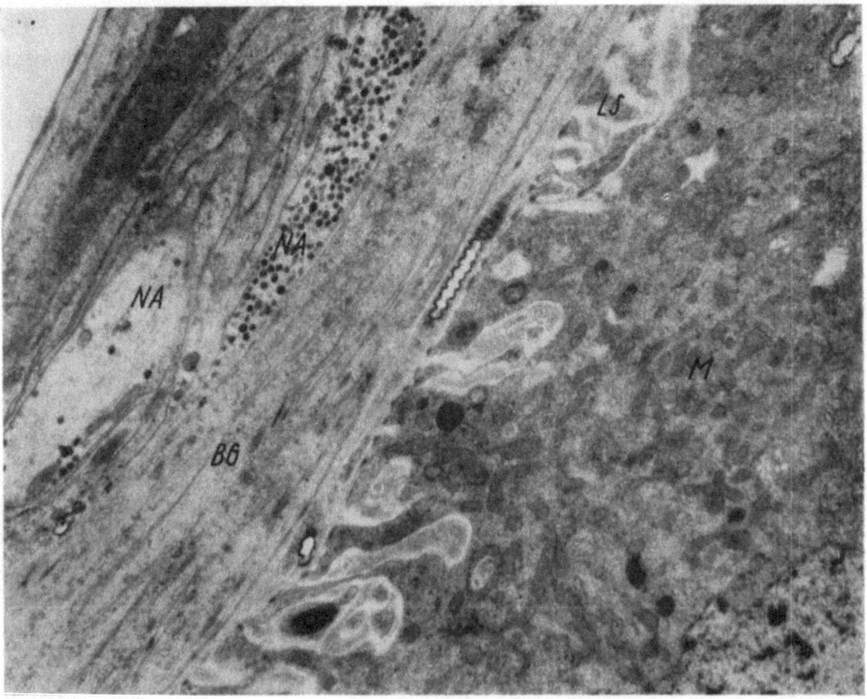

Abb. 3. Neurosekretorische Axone an der Peripherie der Zellen einer Häutungsdrüse (Prothorakaldrüse) eines Insekts. Die dadurch wahrscheinliche Regulierung der Drüsenfunktion durch neurosekretorische Peptide ist bemerkenswert, weil die Drüse hormonal durch ein Neurohormon aus dem Gehirn-Corpora-cardiaca-Komplex gesteuert wird (nach Gersch, Birkenbeil u. Ude 1975)
BG Bindegewebe, LS Lakunensystem, M Mitochondrien, NA Neurosekretorische Axone

Ein besonders günstiger Umstand ist die Feststellung, daß die Prothorakaldrüse von *Galleria* eine direkte Beziehung zwischen der jeweiligen Drüsenaktivität und der Höhe des Membranpotentials der Drüsenzellen besitzt. Drüsenaktivität und Membranpotential lassen sich hormonal durch Aktivationsfaktor II aus den Corpora cardiaca beeinflussen.

Ein bemerkenswerter Hinweis auf nervöse Steuerung der Funktion der Häutungsdrüse von *Galleria* ist der Befund, daß rechte und linke Drüse eines Tieres unterschiedliches Membranpotential (und damit offensichtlich auch unterschiedliche Aktivität) aufweisen können. Außerdem lassen sich gleichlaufend Drüsenaktivität und Membranpotential durch propriozeptive Reize beeinflussen.

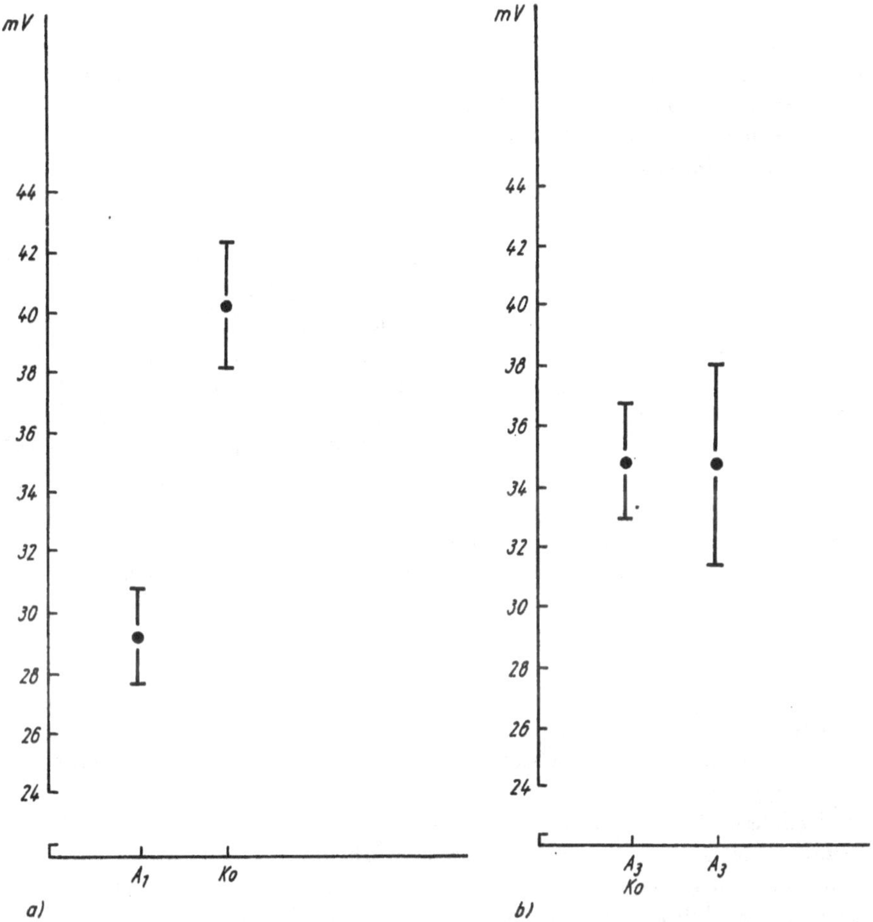

Abb. 4. Experimentelle Hinweise auf nervöse Steuerung (sehr wahrscheinlich mittels neurosekretorischer Peptide) der sonst hormonal regulierten Häutungsdrüse (Prothorakaldrüse) der Wachsmotte *Galleria mellonella.* a) Durch Hemmung der Entwicklung der Raupen auf einem frühen Stadium bleibt auch das Membranpotential der Häutungsdrüse auf dem diesem Stadium entsprechenden Wert. Das Membranpotential der ungehemmten und daher weiterentwickelten Stadien (Kontrollen) zeigt dagegen einen höheren Wert an, der den normalen Verhältnissen entspricht. Mit der Entwicklungshemmung auf nervösem Wege wird also in gleicher Weise auch das Membranpotential beeinflußt. b) Entwicklungshemmung der Raupen von *Galleria mellonella* auf einem späteren Entwicklungsstadium (Augenstadium 3). Das Entwicklungsstadium entwickelt sich nicht weiter. Ebenso bleibt aber auch der Wert des Membranpotentials unverändert entsprechend dem Wert eines normalen Stadiums der Augenklasse 3 bestehen. Dieser Befund weist wiederum auf eine nervöse Steuerung der Aktivität der Häutungsdrüse sehr wahrscheinlich mit Hilfe neurosekretorischer Peptide als Mediatoren hin (nach Gersch, Birkenbeil u. Klare 1976)

Bei solchen Larven sistiert die Weiterentwicklung insgesamt wie offensichtlich auch speziell der Prothorakaldrüse. Das Membranpotential solcher „nervös gehemmter" Drüsen bleibt auf dem Ausgangsstadium stehen, während die Prothorakaldrüsen der gleich alten Kontrolltiere Potentialwerte entsprechend ihrem fortgeschrittenen Entwicklungsstadium aufweisen (Abb. 4). Die nervöse Hemmung vollzieht sich über das Unterschlundganglion und kann durch Exstirpation dieses Ganglions wieder normalisiert werden.

Außer der bereits erwähnten „Innervierung" durch neurosekretorische Axone spricht ein weiterer Befund für die direkte Beteiligung des Nervensystems an der Steuerung dieser Drüsentätigkeit. Die Abnahme elektrischer Potentiale mittels Saugelektroden von dem die Häutungsdrüse innervierenden Nerven zu verschiedenen Phasen der Drüsenaktivität zeigt deutliche Unterschiede (noch unveröffentlicht). Aus allem ist der Schluß zu ziehen, daß die zur Häutungsdrüse ziehenden Axone mit Neurosekret eine Grundlage für die Regulation der Drüsentätigkeit auf nervösem Wege bilden. In welcher Weise das durch die neurosekretorischen Peptide erfolgt, ist auch hier ein ungeklärtes Problem.

Ein für das Verständnis der modulierenden Wirkung von peptidergen Neurosekreten als Mediatoren besonders günstiges Organ stellt ohne Zweifel das Insektenherz dar. Hierüber wird in einem besonderen Referat berichtet (siehe Beitrag Richter).

Eine modulierende Funktion neurosekretorischer Peptide als Mediatoren ist weiterhin für die neurohormonal gesteuerten biologischen Rhythmen anzunehmen. In erster Linie ist dabei an circadiane Rhythmen von Verhaltensweisen zu denken, wie z. B. das für den Riesenseidenspinner *Hyalophora* wie auch für andere Schmetterlinge typische „Calling"-Verhalten. Diese Verhaltensweise setzt unmittelbar vor der Hellphase ein und hält dann noch etwa 30 min an. Daß dabei ein peptiderges Neurohormon aus den Corpora cardiaca eingeschaltet sein muß, dessen Sekretion jedoch unter nervöser Kontrolle des Gehirns steht, ist aus zwei experimentellen Befunden ersichtlich. Einerseits wird das „Calling"-Verhalten nach Exstirpation der Corpora cardiaca stark geschwächt; und auch Reimplantation mehrerer Paar Corpora cardiaca vermögen es trotz eintretender Lichtphase nicht wieder zu normalisieren. Andererseits erlischt die circadiane Rhythmik dieses Verhaltens nach Durchtrennung der die Corpora cardiaca vom Gehirn aus versorgenden Nerven (Nervi corporis cardiaci).

In ähnlicher Weise unterliegt die circadiane Rhythmik des Blutzuckers von Schaben zentralnervöser Kontrolle unter Einschaltung eines peptidergen Neurohormons ebenfalls aus den Corpora cardiaca. Durchtrennung der die Corpora cardiaca vom Gehirn versorgenden Nerven führt auch hier zum Aussetzen der Rhythmik (Abb. 5).

Die eindeutigsten Aussagen über die Wirkung von neurosekretorischen Peptiden als Mediatoren versprechen zelluläre Systeme. Dafür sind die Riesenneuronen von Mollusken und Krebsen besonders geeignet.

Die z. Z. instruktivsten Beispiele liefern gewisse Neuronen der Landlungen-

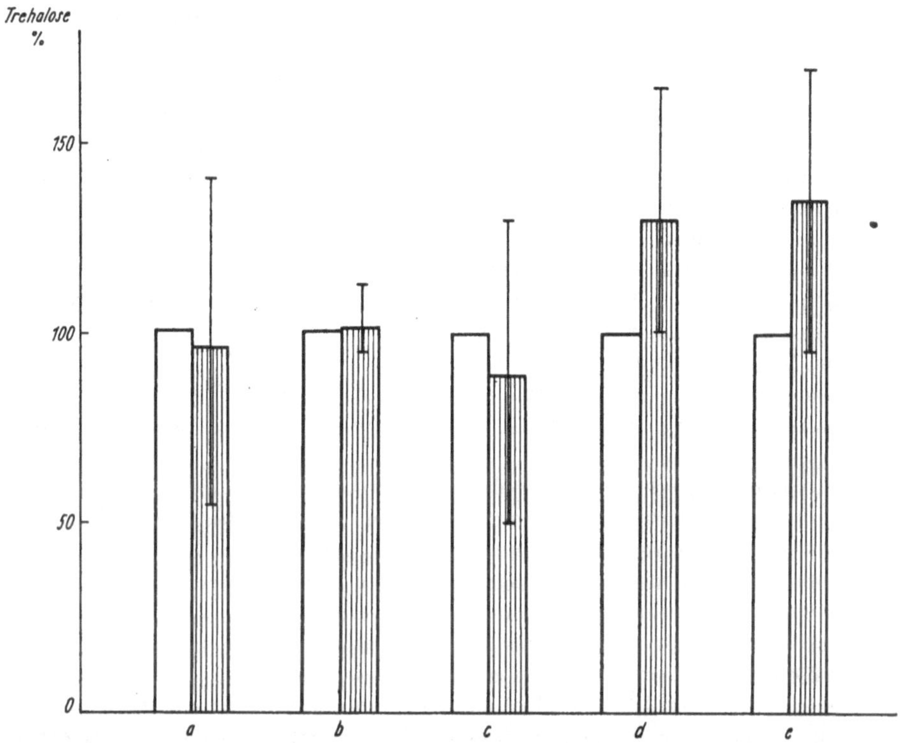

Abb. 5. Übersicht über die circadiane Rhythmik des Trehalosegehaltes in der Haemolymphe der Schabe *Periplaneta americana* nach beidseitiger Durchtrenung bestimmter Nerven im Bereich des Retrocerebralkomplexes. a) Durchtrennung von Nervus corporis cardiaci II. Es kommt dadurch zum Erlöschen der circadianen Rhythmik. b) Durchtrennung von N.c.c. I. Auch hierdurch wird die Rhythmik unterbunden. c) Durchtrennung von N.c.c. I und II. Erwartungsgemäß ist die Rhythmik erloschen. d) Durchtrennung des Nervus corporis allati verändert dagegen die circadiane Rhythmik nicht. e) Unoperierte Kontrolltiere. Der Zeitgeber für die Rhythmik der Hormonausschüttung als Voraussetzung für die circadiane Rhythmik des Blutzuckergehaltes wird über die Nervi corporis cardiaci dem endocrinen System der Corpora cardiaca übermittelt (nach Gersch 1976)

schnecke *Octala lactea* (Barker und Gainer 1974, Gainer 1972, Ifshin, Gainer und Barker 1975). In dem miteinander verschmolzenen Komplex der einzelnen Ganglien lassen sich 17 Neuronen individuell ausmachen und biochemisch sowie elektrophysiologisch kennzeichnen. 5 Neuronen wurden besonders eingehend untersucht. Dabei zeigte sich, daß die Neuronen 7, 9 und 12 „inaktive Zellen“, die Neuronen 11 und 12 dagegen Schrittmacherzellen sind. Nach Inkorporation von ^{14}C-Leucin und Auftrennung mittels Polyacrylgelelektrophorese läßt sich nachweisen, daß jedes dieser 5 Neuronen ein spezifisches Proteinmuster besitzt. Charakteristisch für die Zelle 11 ist dabei die Synthese eines Proteins von 4—5000 Daltons, die in den anderen Neuronen nicht nachzuweisen ist und wahrscheinlich mit der neurosekretorischen Tätigkeit dieses Neurons zusammenhängt. Die Spezifität des Neurons 11 zeigt sich auch während der Diapause der Schnecke, die experimentell durch Trockenbedingungen ausgelöst werden kann. Während die Zellen 7, 9, 10 und 12 keine wesentlichen Änderungen ihrer Eigenschaften in der Diapausephase gegenüber dem Normalzustand erfahren, wird dadurch Neuron 11 spezifisch und tiefgreifend berührt. Außer der völligen Hemmung der Produktion des niedrig molekularen Proteins bzw. Polypeptids kommt es auch zu elektrophysiologischen Veränderungen. Beispielsweise fallen dann die Schrittmacherpotentiale dieser Zelle aus. Möglicherweise kontrolliert dieses Neuon 11 die Diapause.

Von besonderem Interesse ist das Verhalten von Neuron 11 in vitro gegenüber Vasopressin und einigen Analoga als Modellfall. Lysin-Vasopressin und einige ähnliche Peptide lösen in diesem Neuron eine rasche Folge lang anhaltender Spikes aus.

Die Befunde sprechen eindeutig dafür, daß es sich um eine spezifische Reaktion handelt. Verschiedene andere Peptide zeigen an diesem Neuron keine Wirkung. Umgekehrt wirken Vasopressin und die anderen geprüften Analoga nicht auch an anderen Neuronen des Schneckenganglions. Die Spezifität der Wirkung kommt auch darin zum Ausdruck, daß neuerdings ein wirksames Peptid aus dem Gehirn der Schnecke isoliert wurde. Schließlich läßt sich mittels iontophoretischer Applikation dieses Peptids im Vergleich zu Acetylcholin eine lokal zu begrenzende Sensibilität nachweisen. Das Peptid ist an den Oberflächen des Axons und des Axontrichters wirksam, während Acetylcholinwirkungen am Soma und am Axon auftreten.

Für den Nachweis der direkten Wirkung eines neurosekretorischen Peptids auf einzelne Neuronen hat sich neuerdings das Herzganglion des amerikanischen Hummers als außerordentlich günstig erwiesen. Durch sorgfältige morphologische und elektrophysiologische Untersuchungen konnten zunächst der Aufbau dieses Ganglions sowie die funktionelle Bedeutung seiner neun Neuronen aufgeklärt werden. Zugleich wurde damit offenbar, in welcher Weise die für die Rhythmik der Herzkontraktionen erforderliche Synchronisation durch das Zusammenschalten der neun Neuronen des Herzganglions bedingt ist.

Modulierend auf die Funktion des Herzganglions wirken die aus dem Pericardialorgan stammenden Peptide, und zwar in der Weise, daß die neurosekretorischen Peptide differenziert an den einzelnen Triggerzonen der verschiedenen Neuronen angreifen. Auf diese Weise erfahren die Impulsmuster spezifische Veränderungen, die als Ausdruck der Modulation ursprünglicher Nervenaktivität zu bewerten sind (Abb. 6).

Diese Übersicht morphologischer und physiologischer Daten und Befunde veranlaßt abschließend zu einigen grundsätzlichen Feststellungen und Verallgemeinerungen. Die Innervierung mit neurosekretorischen Axonen ist zwar bisher im wesentlichen vorzugsweise bei Mollusken und Insekten bekannt geworden. Es ist aber

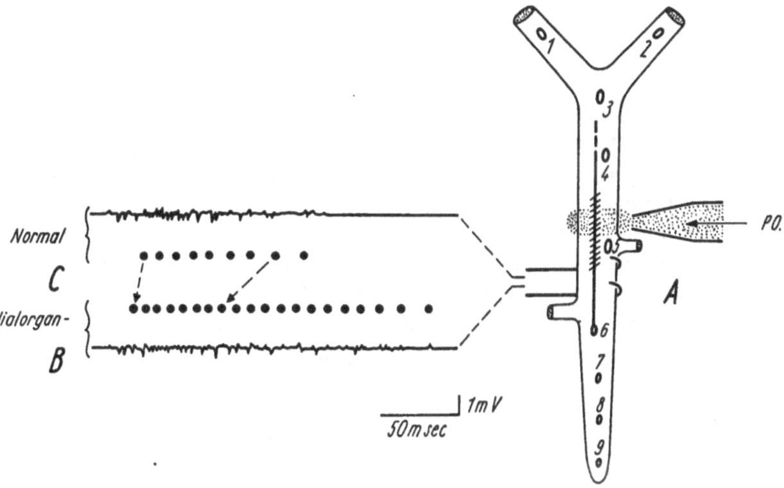

Abb. 6. Repräsentative Wirkung eines lokal applizierten Neurohormons aus dem Pericardialorgan auf die Spontanaktivität der Neuronen im Herzganglion von *Homarus americanus* am Beispiel des Neurons Nr. 6 (A). Die Frequenz der Einzelentladungen des Neurons innerhalb einer Entladungssalve des gesamten Herzganglions wird bei gezielter Applikation des Neurohormons an der pharmakologisch sensitiven Zone (Schraffierung) erhöht (B), was besonders deutlich aus den elektronischen Intervallhistogrammen hervorgeht (C) (verändert nach Cooke und Hartline 1975)

mit Sicherheit damit zu rechnen, daß sie auch bei anderen Stämmen wirbelloser Tiere vorkommt und dort ebenso bedeutungsvoll sein dürfte wie in den bisher bekannt gewordenen Fällen. Insgesamt bleibt es allerdings noch völlig offen, in welcher Weise die neurosekretorischen Axonterminalen oder auch andere Kontaktstellen an der Informationsübermittlung beteiligt sind. Die morphologischen Feststellungen allein erlauben hierzu keine verbindlichen und endgültigen Aussagen.

Die Bedeutung der neurosekretorischen Peptide bei der Informationsübermittlung wird vor allem durch die vielfältigen physiologischen Tatsachen gekennzeichnet. Die Frage nach den dafür verantwortlichen Wirkungsmechanismen bleibt allerdings hierbei offen. Auffallend ist die vielfältig in Erscheinung tretende tonische Wirkungsweise der neurosekretorischen Peptide. Möglicherweise ist dafür ein anderes Prinzip als bei der Erregungsübertragung über cholinerge Synapsen wirksam. Es unterliegt nach allem keinem Zweifel, daß die Aufklärung dieses Fragenkomplexes von grundsätzlicher Bedeutung für die Prozesse der Informationsübermittlung im tierischen Organismus ist.

Es kann dabei nicht verwundern, daß solche Probleme an den verschiedenartigen Gruppen der wirbellosen Tiere besonders offensichtlich werden und daher hier in erster Linie eine weitere Klärung und Aufhellung möglich erscheinen lassen. Das System der Neurosekretion und damit die Regulation mittels Neurohormonen, sei es auf dem Blutweg oder aber auch über Axone und Axonterminale, ist hier wesentlich vielfältiger entwickelt und daher auch funktionell vielseitig wirksam, als dies infolge der anderen Situation des Hormonsystems bei den Wirbeltieren der Fall ist. Damit aber erwächst die Aussicht, auch in Zukunft zur Lösung dieser grundsätzlichen Fragestellungen geeignete Objekte und gut analysierbare Systeme in erster Linie im Bereich der Wirbellosen zu finden. So wie bereits in der Vergangenheit wichtige grundlegende Erkenntnisse der Neurobiologie auf erste Befunde am Nervensystem sog. „niederer Tiere" zurückgehen, dürften auch die Fragen der Informationsübermittlung durch neurosekretorische Peptide als Mediatoren an bestimmten Neuronensystemen von Wirbellosen aussichtsreiche Lösungen erwarten lassen. Dabei kann, wie in früheren Fällen vielfältig erwiesen, auch für die Probleme der Informationsübermittlung durch neurosekretorische Peptide als Mediatoren angenommen werden, daß die an den besser überschaubaren Systemen gewonnenen Ergebnisse dann zielgerichtet an höheren Tieren überprüft und möglicherweise verallgemeinert werden können.

Literatur

ARCH, S.: Peptide secretion from the isolated parieto-visceral ganglion of *Aplysia californica.* J. Gen. Physiol. **59**, 47—59 (1972).

BARKER, J. L., and H. GAINER: Peptide regulation of bursting pacemaker activity in a molluscan neurosecretory cell. Science **184**, 1371—1372 (1974).

BIRKENBEIL, H.: Untersuchungen zur Wirkung von Neurohormon D und von anderen aktiven Substanzen auf das Zentralnervensystem der Schabe *Periplaneta americana.* Zool. Jb., Physiol. **75**, 493—525 (1971).

CHAET, A. B. and R. A. MCCONNOUGHY: Physiologic activity of nerve extracts. Biol. Bull. **117**, 407 (1959).

COGGESHALL, R. E., E. R. KANDEL, I. KUPFERMANN u. R. WAZIRI: A morphological and functional study on a cluster of identifiable neurosecretory cells in the abdominal ganglion of *Aplysia californica.* J. Cell Biol. **31**, 363—368 (1966).

COOKE, I. M., and D. K. HARTLINE: Neurohormonal alteration of integrative properties of the cardiac ganglions of the lobster *Homarus americanus.* J. exp. Biol. **63**, 33—52 (1975).

GAINER, H.: Patterns of protein synthesis in individual identified molluscan neurons. Brain Res. **39**, 369—385 (1972).

GERSCH, M.: Vergleichende Endokrinologie der wirbellosen Tiere. Akadem. Verlagsgesellschaft, Leipzig 1964.

GERSCH, M.: Kontrolle der circadianen Rhythmik des Trehalosegehaltes der Haemolymphe von *Periplaneta americana.* Zool. Jb., Physiol. **80**, 1—15 (1976).

GERSCH, M., K. RICHTER: Auslösung von Nervenimpulsen durch ein Neurohormon bei *Periplaneta americana.* Zool. Jb., Physiol. **70**, 301—308 (1963).

GERSCH, M., H. BIRKENBEIL und G. KLARE: Das Membranpotential der Prothorakaldrüsenzellen von *Galleria mellonella.* Zool. Jb., Physiol. **80**, 16—23 (1976).

GERSCH, M., H. BIRKENBEIL und J. UDE: Ultrastructure of the prothoracic gland cells of the last instar of *Galleria mellonella* in relation to the state of development. Cell. Tiss. Res. **160**, 389–397 (1975).

IFSHIN, M. S., H. GAINER and J. L. BARKER: Peptide factor extracted from molluscan ganglia that modulates bursting pacemaker activity. Nature **254**, 72–74 (1975).

KANATANI, H.: Maturation-inducing substance in starfishes. Int. Rev. Cytol. **35**, 253–298 (1973).

KANATANI, H.: Hormones in Echinodermata. Actualités sur les hormones d'invertébrés. Coll. Int. C. N. R. S. Nr. 251, 177–190 (1976).

KUPFERMANN, I., and E. R. KANDEL: Electrophysiological properties and functional interconnections of two symmetrical neurosecretory Clusters (Bag cells) in abdominal ganglion of *Aplysia*. J. Neurophysiol. **33**, 865–876 (1970).

RIDDIFORD, L. M.: The role of hormones in the reproductive behavior of wild silkmoth. Am. Zoologist **11**, 643 (1971).

SCHARRER, B.: The neurosecretory neuron in neuroendocrine regulatory mechanisms. Am. Zoologist **7**, 161–169 (1967).

SCHARRER, B.: Ultrastructural specializations of neurosecretory terminals in the corpus cardiacum of cockroaches. Am. Zoologist **7**, 721 (1967).

TRUMAN, J. W.: Physiology of insect ecdysis. I. The eclosion behaviour of saturniid moths and its hormonal release. J. Exp. Biol. **54**, 805–814 (1971).

TRUMAN, J. W., and L. M. RIDDIFORD: Neuroendocrine control of ecdysis in silkmoths. Science **167**, 1624–1626 (1970).

TRUMAN, J. W., and L. M. RIDDIFORD: Hormonal mechanisms underlying insect behaviour. Adv. Insect Physiol. **10**, 297–352 (1974).

Joachim Ude und Manfred Eckert

Elektronenmikroskopische Charakterisierung neurosekretorischer Axonterminale bei wirbellosen Tieren

Die in den Nervenzellen der wirbellosen Tiere gebildeten neurosekretorischen Peptidfaktoren treten bei elektronenmikroskopischer Untersuchung im Perikaryon und seinen Fortsätzen als membranbegrenzte Vesikel mit stark elektronendichtem Inhalt in Erscheinung. Ihr Durchmesser schwankt zwischen 1200 und 3000 Å.

Die Peptidfaktoren werden an den Ribosomen des endoplasmatischen Retikulums synthetisiert, das in den neurosekretorischen Zellen in stärkerem Maße ausgebildet ist als in „normalen" Nervenzellen. Von hier werden sie über die „transitonal vesicles" zum Golgi-Apparat transportiert, und von diesem in membranbegrenzten Vesikeln abgeschnürt, die als neurosekretorische Elementargranula im Perikaryon und im „Axon" anzutreffen sind, wo sie durch den axonalen Fluß zum Freisetzungsort an den Terminalen transportiert werden.

Für das Verständnis der Wirkungsweise neurosekretorischer Peptidfaktoren ist die Topografie von Axonterminalen mit elektronendichten Elementargranula von besonderer Bedeutung. Betrachtet man das Auftreten solcher Elemente in Beziehung zu ihren jeweiligen Erfolgsstrukturen, so ergeben sich im wesentlichen zwei Möglichkeiten:

1. Axonterminale in direktem synaptischem Kontakt mit der Erfolgsstruktur und
2. Axonterminale in Kontakt mit Begrenzungssystemen der Körperflüssigkeit.

Axonterminale in synaptischen Kontakten finden sich bei wirbellosen Tieren in starkem Maße in allen Teilen des zentralen und peripheren Nervensystems. Sie treten dabei als präsynaptische Elemente sowohl in konvergenten, in weitaus stärkerem Maße jedoch in divergenten, dyadenartigen Verschaltungen auf (Abb. 1, 2). Die präsynaptischen neurosekretorischen Axonendigungen enthalten dabei neben den elektronendichten Elementargranula immer eine mehr oder weniger große Zahl „synaptischer" Vesikel, wie sie aus der cholinergen Synapse bekannt sind, mit einem Durchmesser um 500 Å. Diese sind an der synaptischen Membran oft angehäuft und stehen teilweise in enger räumlicher Beziehung zu den präsynaptischen Verdickungen (Abb. 2). Ihr Charakter und ihre Beziehungen zu den neurosekretorischen Elementargranula sind unklar. Drei Möglichkeiten müssen hier in Erwägung gezogen werden (Scharrer u. Wurzelmann 1974):

1. Die Vesikel sind Trägerstrukturen von Transmittern
2. Sie entstehen durch den Zerfall von neurosekretorischen Elementargranula

3. Sie entstehen in Zusammenhang mit der Rückführung von Material aus der synaptischen Membran.

Die postsynaptischen Elemente zeigen in der aktiven Zone die auch für cholinerge Synapsen charakteristische feingranuläre Substanz unter der subsynaptischen Membran.

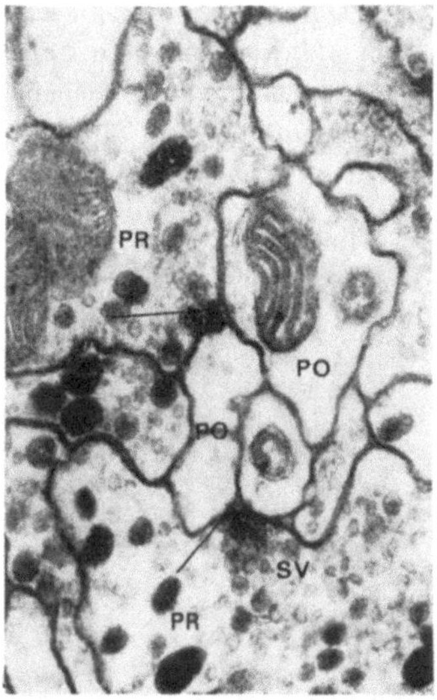

Abb. 1

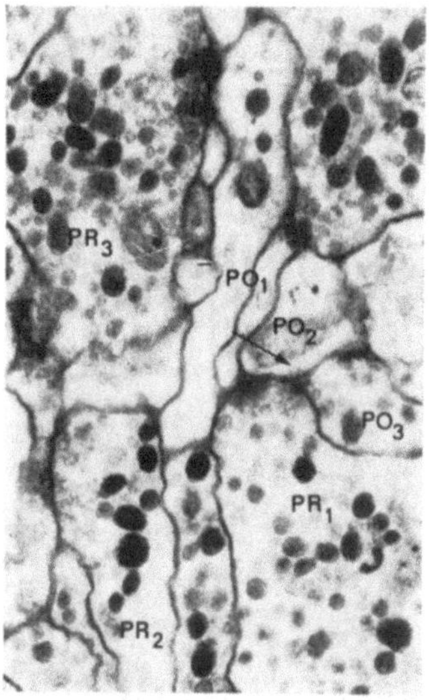

Abb. 2

Abb. 1. Neurosekretorische Axonterminale in synaptischem Kontakt mit nicht sekretführenden Fasern aus dem Frontalganglion der Schabe *Periplaneta americana.* Beachte das Auftreten „synaptischer" Vesikel (SV) und die präsynaptischen Verdichtungen (Pfeil). PR — Präsynaptische, PO — Postsynaptische Elemente. × 60 000

Abb. 2. Neurosekretorische Axonterminale aus dem Frontalganglion von *Periplaneta.* Neben dyadenförmigen Kontakten mit nicht sekretführenden Fasern (PR_1 — PO_1, PO_2) sind Dyaden zu finden, von deren postsynaptischen Elementen eines ebenfalls neurosekretorische Elementargranula enthält (PR_1 — PO_2, PO_3). Beachte die präsynaptischen Verdichtungen, an denen sich die synaptischen Vesikel konzentrieren, und das subsynaptische Netzwerk (Pfeil). × 48 000

Neurosekretorische Axonterminale finden sich ebenfalls in synaptischem Kontakt mit peripheren Erfolgsorganen, wie z. B. in der Muskulatur des Darmes und des Herzens von Insekten (Abb. 3).

Die synaptischen Beziehungen, die in den vorgenannten Fällen zwischen neurosekretorischen Nervenendigungen und ihren Erfolgsstrukturen bestehen, legen eine Beteiligung der neurosekretorischen Faktoren am Transmissionsprozeß nahe. Ob die Peptidfaktoren dabei selbst als Transmitter wirksam werden oder aber in anderer Weise in den Transmissionsprozeß integriert sind, ist ein bis heute ungelöstes Problem.

Eine zweite Gruppe neurosekretorischer Axonterminale tritt an den Begrenzungssystemen der Körperflüssigkeit auf. Solche Fälle finden sich in den Neurohaemalorganen der Wirbellosen (z. B. Corpora cardiaca der Insekten). Teilweise finden auch einzelne neurosekretorische Axone Kontakt mit der Körperflüssigkeit, wie im Herzmuskel verschiedener Insekten (Abb. 4). In diesen Fällen sind in der Regel keine besonderen „präsynaptischen" Differenzierungen nachzuweisen. Es treten jedoch auch hier neben den elektronendichten Vesikeln unterschiedlicher Größe die „synaptischen" Vesikel mit einem Durchmesser von etwa 500 Å auf, die an bestimmten Stellen der Begrenzungsmembran angehäuft sein können.

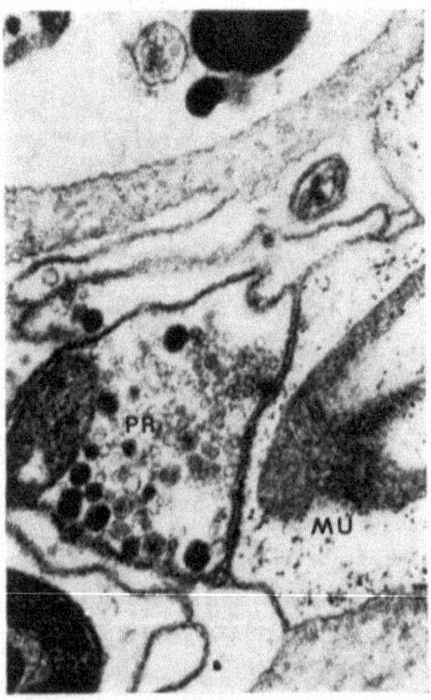

Abb. 3

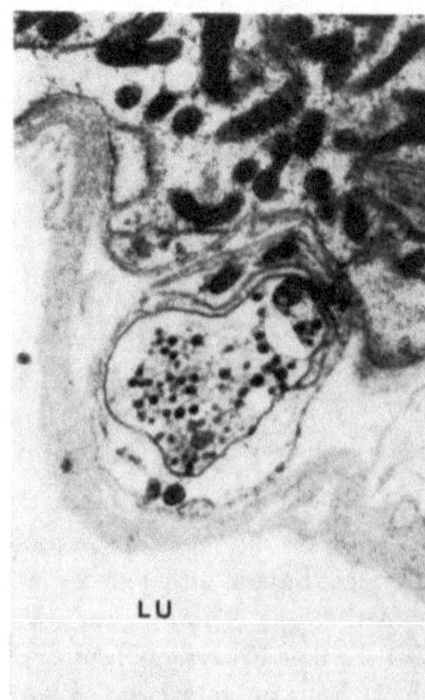

Abb. 4

Abb. 3. Neuromuskulärer Kontakt aus dem Herzmuskel der Schabe *Blaberus craniifer*. Das präsynaptische Element (PR) enthält neben den synaptischen Vesikeln neurosekretorische Elementargranula. MU — Muskelzelle. × 55 000

Abb. 4. Neurosekretorische Nervenendigung an der inneren Begrenzungslamelle des Herzens von *Blaberus*. LU — Herzlumen. × 30 000

Die Topografie dieser Axonterminale und ihre Beziehung zu nachgeordneten Systemen läßt keinen Zweifel an der hormonalen Wirkung der hier freigesetzten Substanzen.

Für eine morphologische Unterstützung physiologischer Befunde über die Funktion von Neuron-produzierten Peptiden ist ihre genaue Identifizierung von besonderer Bedeutung. Wichtig ist dabei vor allem ihre Abgrenzung von den ebenfalls in den Neuronen und ihren Fortsätzen vorkommenden biogenen Aminen, die auch als elektronendichte Vesikel auftreten. Ihre Größe liegt etwa zwischen 500 und 1500 Å und überschneidet sich teilweise mit der von Peptidgranula. Das Auftreten von Amingranula als „granulierte Vesikel", d. h. zwischen Begrenzungsmembran und elektronendichtem Inhalt liegt ein heller Hof, kann zumindest bei wirbellosen Tieren nicht verallgemeinert werden. Außerdem ist zu berücksichtigen, daß sowohl die Granula der biogenen Amine als auch die der neurosekretorischen Peptide erheblichen Volumenschwankungen während des Transportes unterliegen. Schließlich muß noch in Betracht gezogen werden, daß die im Zusammenhang mit funktionellen Aussagen interessierenden Bereiche, die Axonterminale, oft nur wenige Granula enthalten und dadurch die Wahrscheinlichkeit, einen größten Durchmesser anzuschneiden, geringer ist als im Perikaryon mit seiner vergleichsweise großen Anzahl an Granula. Eine Lösung des Problems ist deshalb nur durch eine chemische Charakterisierung beider Wirkstoffgruppen möglich.

Neben der histochemischen Markierung der biogenen Amine eröffnet sich durch die Immunelektronenmikroskopie die Möglichkeit einer immunchemischen Markierung der Peptide auf submikroskopischer Ebene, sofern die entsprechenden Antikörper zur Verfügung stehen.

Histochemische Markierung der biogenen Amine

Sie wurde nach der Methode von Richardson (1966) in der Modifikation nach Hökfelt (1968) vorgenommen, die darauf beruht, daß die biogenen Amine in einer hinreichenden Gewebskonzentration einen elektronendichten Niederschlag mit $KMnO_4$ ergeben. Dazu wurde ein Teil der Objekte (Herznerven der Schabe *Blaberus craniifer*) ohne Vorbehandlung mit einer 3%igen phosphatgepufferten $KMnO_4$-Lösung fixiert. Als Ergebnis zeigt Abb. 5, daß alle in den Axonen bzw. Terminalen vorkommenden Granula ihren elektronendichten Inhalt verloren haben.

Werden die Objekte vor der $KMnO_4$-Fixierung 45 Min. in einer phosphatgepufferten Ringerlösung inkubiert, die 10 µg/ml alpha-methyl-Noradrenalin (Corbasil) enthält, so akkumulieren die Amingranula durch einen aktiven Aufnahmemechanismus (Aminpumpe) hinreichende Mengen des „false transmitter", die bei einer anschließenden $KMnO_4$-Fixierung einen elektronendichten Niederschlag ergeben. Da der Aufnahmemechanismus nicht spezifisch ist, kann jedoch mit dieser Methode nicht zwischen den verschiedenen biogenen Aminen unterschieden werden (Abb. 6). Durch einen solchen Nachweis werden im Herznerven von *Blaberus* ausschließlich Vesikel mit einem mittleren Durchmesser von 1000 bis 1500 Å markiert, die sich in großer Zahl in bestimmten Axonquerschnitten finden (Abb. 6). Die Topografie dieser Axone bzw. Axonterminale korrespondiert dabei mit dem fluoreszenzmikroskopischen Nachweis von Catecholaminen und 5-Hydroxytryptamin am gleichen Objekt (Gersch et al. 1974).

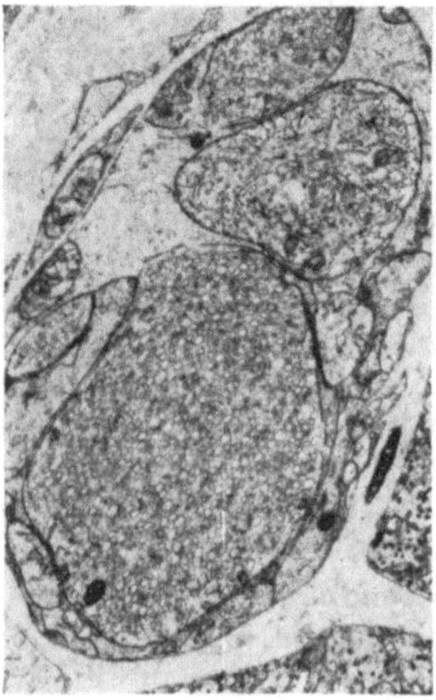

Abb. 5

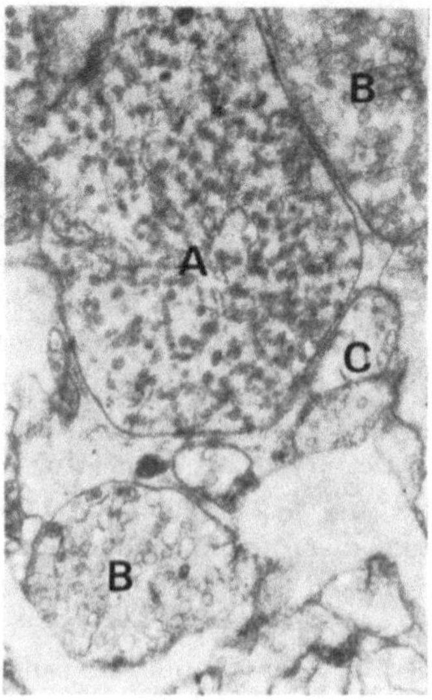

Abb. 6

Abb. 5. Ausschnitt aus dem Herzlumen von *Blaberus* nach $KMnO_4$-Fixierung. Alle Vesikel in den verschiedenen Axonanschnitten haben ihren elektronendichten Inhalt verloren. × 15 000

Abb. 6. Das gleiche Objekt wie in Abb. 5, jedoch vor der Fixierung 45 Minuten in einer Ringerlösung inkubiert, die 10 µg/ml alpha-methyl-Noradrenalin enthielt. Die Granula in der Faser A (Größe 1000—1500 Å) zeigen eine hohe Elektronendichte, während die Dichte der größeren Granula in den Fasern B und C außerordentlich gering ist. × 22 000

Immunelektronenmikroskopische Markierung der Peptidgranula

Dazu wurden gelchromatografisch gereinigte Gewebsantigene des Retrocerebralkomplexes (Speicher- und Freisetzungsorgan der Peptidfaktoren) der Schabe *Periplaneta americana* zur Immunisierung von Kaninchen verwendet (Eckert 1973). Die Inkubation von Gewebsschnitten mit FITC- bzw. Peroxidase-Konjugaten des gewonnenen Antiserums ergibt eine spezifische immunhistochemische Markierung der neurosekretorischen Zellen der Pars intercerebralis des Gehirns, des gespeicherten Neurosekrets in den Retrocerebralkomplexen und im Herznerven von *Periplaneta* und anderer Insekten (Abb. 7).

Zur immunhistochemischen Darstellung der neurosekretorischen Peptide auf elektronenmikroskopischer Ebene wurde die Sandwich-Technik verwendet. Dazu wurden von Pikrinsäure-Formol fixierten und in Epon eingebetteten Objekten Ultradünnschnitte hergestellt und auf Formvar-Kohle beschichtete Nickelblenden montiert. Die Blenden wurden dann zur Auflockerung der Schnittoberfläche mit 10%iger H_2O_2-Lösung behandelt und anschließend nacheinander auf Tropfen des Antiserums und nach einer Pufferspülung auf Tropfen eines anti-Kaninchen-gamma-Globulins aufgebracht, das mit Peroxidase gekoppelt worden war. Nach einer weiteren Spülung wurde dann der histochemische Peroxidase-Nachweis mit Diaminobenzidin geführt.

Die während dieser Prozeduren am Schnitt ablaufenden Prozesse sind in Abb. 8 dargestellt.

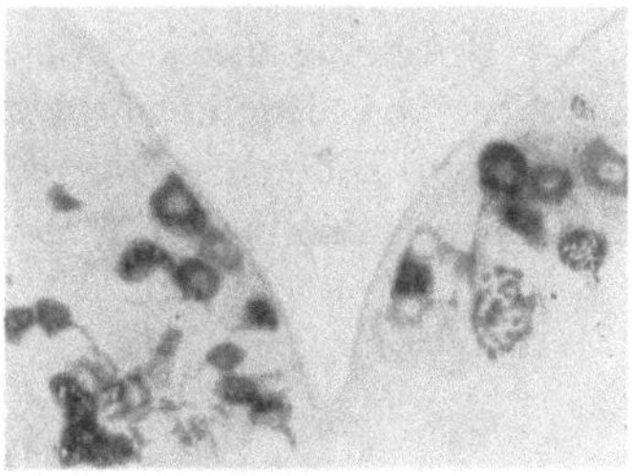

Abb. 7

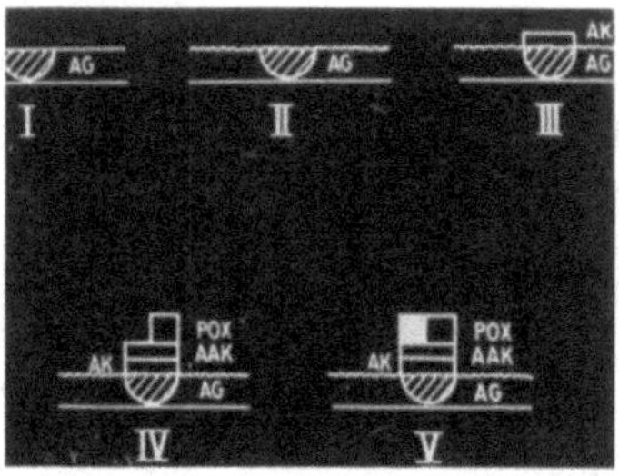

Abb. 8

Abb. 7. Ausschnitt aus der Pars intercerebralis von *Periplaneta* mit lichtmikroskopischem Nachweis der Spezifität des Anti-Neurosekret-Serums. Die Gewebsschnitte wurden mit Peroxidase gekoppeltem Antiserum inkubiert. Nach der Ausführung der Peroxidase-Reaktion zeigt sich eine spezifische Markierung der neurosekretorischen Zellen dieses Hirnbereiches

Abb. 8. Schematische Darstellung der während der Markierung am Dünnschnitt ablaufenden Prozesse. I: Angeschnittenes Sekretgranulum im Ultradünnschnitt (AG). II: Auflockerung der Schnittoberfläche durch eine Behandlung mit H_2O_2. III: Bildung des Antigen-Antikörper-Komplexes (AK) bei Behandlung mit Anti-Neurosekret-Serum. IV: Bindung des Peroxidase-gekoppelten anti-Kaninchen-gamma-Globulins (AAK) an den Anti-Neurosekret-Antikörper. V: Bildung der Oxydationsprodukte des Diaminobenzidins an diesem Komplex während der Peroxidase-Reaktion

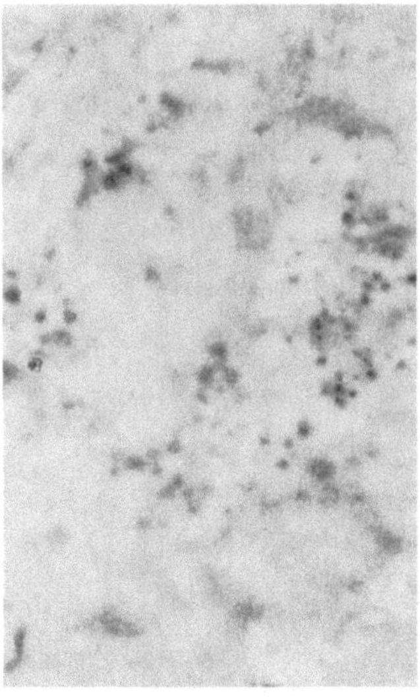

Abb. 9. Axonquerschnitte aus dem Herznerven von *Blaberus* nach immunelektronenmikroskopischer Ultradünnschnittmarkierung. Die stark elektronendichten Komplexe der Peroxidase-Reaktion, die den Ort des Antigen-Antikörper-Komplexes markieren, liegen ausschließlich über den neurosekretorischen Elementargranula × 20 000

Als Ergebnis liegen Ultradünnschnitte vor, die über den neurosekretorischen Peptidgranula elektronendichte Komplexe der DAB-Reaktion zeigen (Abb. 9). Die unterschiedlich starke Markierung der Granula kann ihre Ursache darin haben, daß der Titer für die einzelnen Peptidfaktoren im Gesamtserum nicht gleich ist. Zum anderen müssen auch eine unterschiedliche Resistenz der verschiedenen Antigene gegenüber den Fixierungsmitteln und die unterschiedlichen Anschnittflächen der einzelnen Granula in Betracht gezogen werden. Unter Beachtung dieser Problematik ist die elektronenmikroskopisch-immunhistochemische Dünnschnittmarkierung eine sehr geeignete und zuverlässige Methode zur Differenzierung der neurosekretorischen Peptidgranula von denen der biogenen Amine in allen Teilen des zentralen und peripheren Nervensystems.

Literatur

Eckert, M.: Immunologische Untersuchungen des neuroendokrinen Systems von Insekten. III. Immunhistochemische Markierung des neuroendokrinen Systems von *Periplaneta americana* mit durch Fraktionierung von Retrocerebralkomplexextrakten gewonnenen Anti-Seren. Zool. Jb. Physiol. **77**, 50—59 (1973).

Gersch, M., E. Hentschel und J. Ude: Aminerge Substanzen im lateralen Herznerven und im stomatogastrischen Nervensystem der Schabe *Blaberus craniifer* Burm. Zool. Jb. Physiol. **78**, 1—15 (1974).

Hökfelt, T.: In vitro studies on central and peripheral monoamine neurons at the ultrastructural level. Z. Zellforsch. **91**, 1—74 (1968).

Richardson, K. C.: Electron microscopic identification of autonomic nerve endings. Nature (London) **210**, 756 (1966).

Scharrer, B., und S. Wurzelmann: Oberservations on synaptoid vesicles in insect neurons. Zool. Jb. Physiol. **78**, 387—396 (1974).

Klaus Richter

Zur Integration eines peptidergen Neurohormons bei der nervösen Herzregulation der Insekten

Die Wirkung neurohormonaler Faktoren auf neuronaler Ebene hat insofern besondere und aktuelle Bedeutung, als hier das Prinzip der Integration von zwei Systemen der Informationsübertragung, dem neurohormonalen und dem neuronalen, zum Ausdruck kommt. Wir kennen hierzu bereits zahlreiche Beispiele, die sowohl bei Invertebraten als auch bei Vertebraten von der Modulation einzelner neuronaler Prozesse bis zur Steuerung von Verhaltensweisen reichen. Besonders günstige Verhältnisse zum Studium der Fragen dieses Problemkreises bieten auch hier Mollusken und Insekten.

Unter den Neurohormonen, die bei Insekten neurotrope Wirkungen besitzen, tritt für die vorliegende Problematik das Neurohormon D hervor. Für dieses Neurohormon liegen erste Kenntnisse über das Prinzip seines Funktionszusammenhanges mit der Neurotransmission bei seiner Wirkung am herzregulierenden Nervensystem von Schaben vor, die hier zusammenfassend dargestellt werden sollen.

Neurohormon D ist ein Peptid mit einem Molekulargewicht von etwa 2000. Es ist hitzeempfindlich, säurelabil und wird durch Trypsin relativ schnell enzymatisch inaktiviert (Baumann und Gersch 1973). Physiologisch ist es seit seiner Entdeckung durch seine positiv inotrope und chronotrope Wirkung am Insektenherzen charakterisiert. Es wird an den Corpora cardiaca in die Hämolymphe abgegeben und erreicht so als echtes Neurohormon das Herz. Hier wirkt es direkt exzitatorisch auf die Herzmuskelzellen, indem es während des Depolarisationsvorganges wahrscheinlich Ionenpermeabilitäten beeinflußt (Richter 1971). Isolierung und Nachweis des Neurohormons D erfolgt durch Auftrennung entsprechender Extrakte mittels Gelfiltration an SEPHADEX G-25 und biologischer Testung am Schabenherzen. Mit dieser Methode ließ sich auch im herzregulierenden Nervensystem von Schaben Neurohormon D nachweisen, das hier, in relativen Wirkungseinheiten ausgedrückt, etwa 20% des Gehaltes der Corpora cardiaca erreicht.

Als Versuchsobjekt diente die südamerikanische Großschabe *Blaberus craniifer*. Das Herz liegt als langer dünner Schlauch in der Mittellinie des Dorsums und erstreckt sich vom analen Ende des Tieres bis zum Hinterrande der Kopfkapsel. Das herzregulierende Nervensystem besteht aus zwei lateralen Herznerven, die das Herz in seiner gesamten Länge zu beiden Seiten begleiten. In jedem Segment

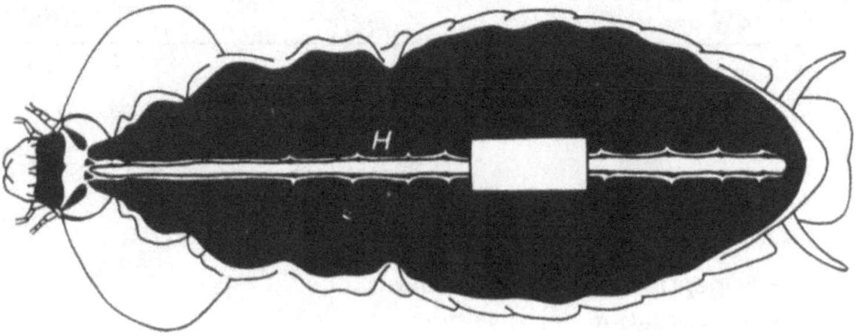

Abb. 1. Die Lage des Herzens (H) bei *Blaberus craniifer*

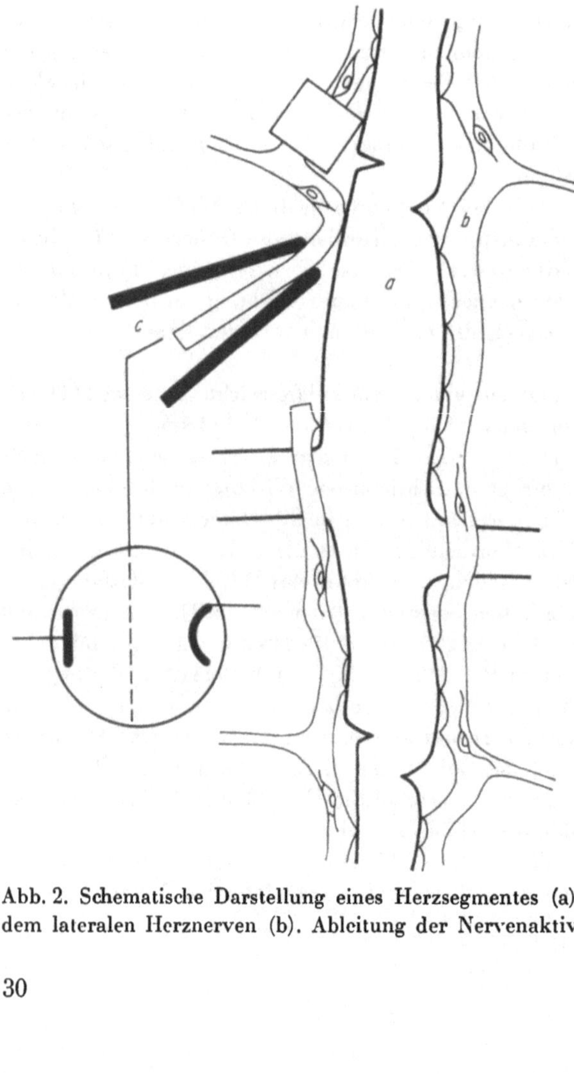

Abb. 2. Schematische Darstellung eines Herzsegmentes (a) (Ausschnitt von Abb. 1) mit dem lateralen Herznerven (b). Ableitung der Nervenaktivität mittels Saugelektrode (c)

des Tieres treten ein Paar Segmentalnerven, von dem jeweiligen Bauchganglion ausgehend, an den lateralen Herznerven heran (Abb. 1 und 2).

Der laterale Herznerv stellt wahrscheinlich eine Ebene interneuronaler Schaltstrukturen dar. Hier werden vom Herzen einlaufende Afferenzen sowie Informa-

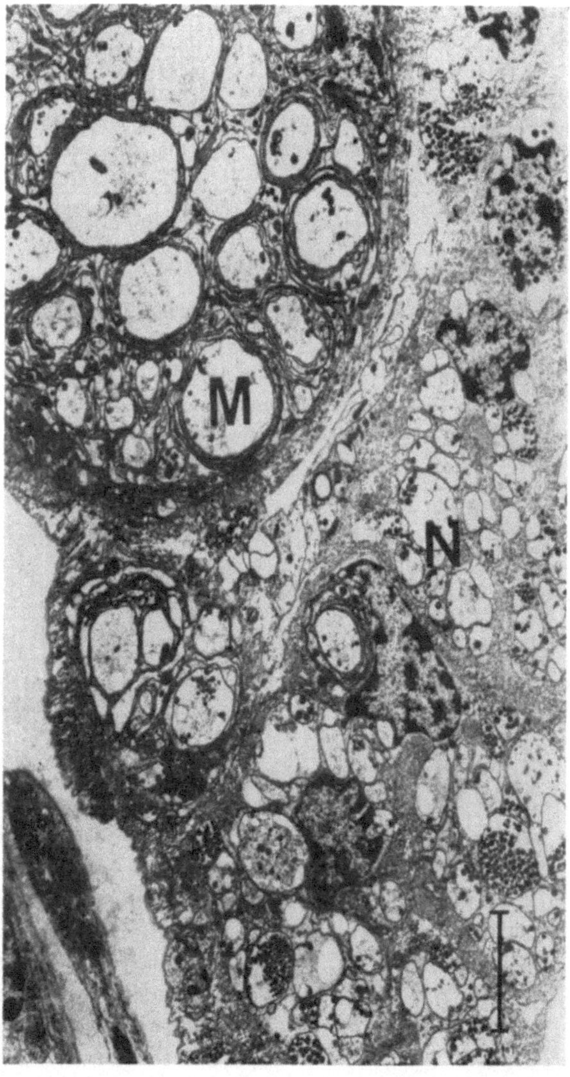

Abb. 3. Querschnitt des lateralen Herznerven (Ausschnitt von Abb. 2) mit dem Bereich der motorischen (M) und der neurosekretorischen (N) Axone. Kalibration 3 µm

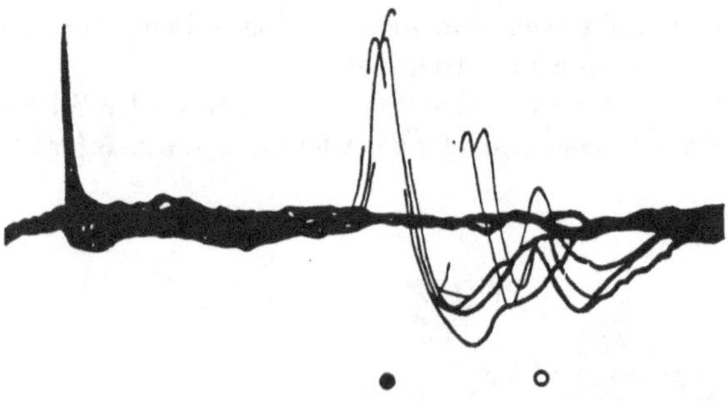

Abb. 4. Stimulus-getriggerte Schar von Einzelaufnahmen einer Ableitung aus dem lateralen Herznerven. Unterschiede der Potentiale motorischer (●) und neurosekretorischer (○) Axone

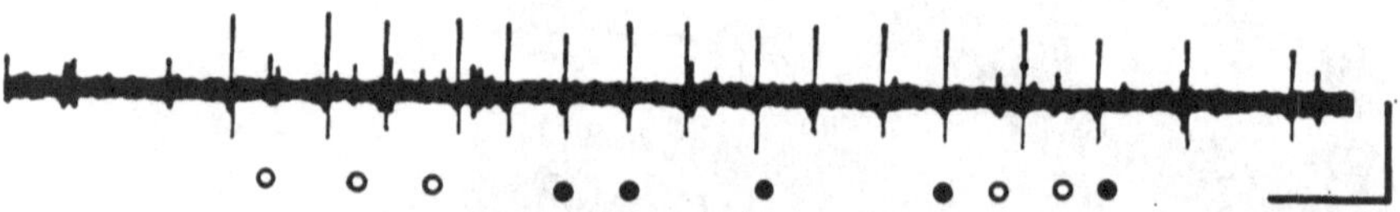

Abb. 5. Typische kontinuierliche Ableitung aus dem lateralen Herznerven mit Potentialen motorischer (●) und neurosekretorischer (○) Axone. Kalibration 100 ms, 100 µV

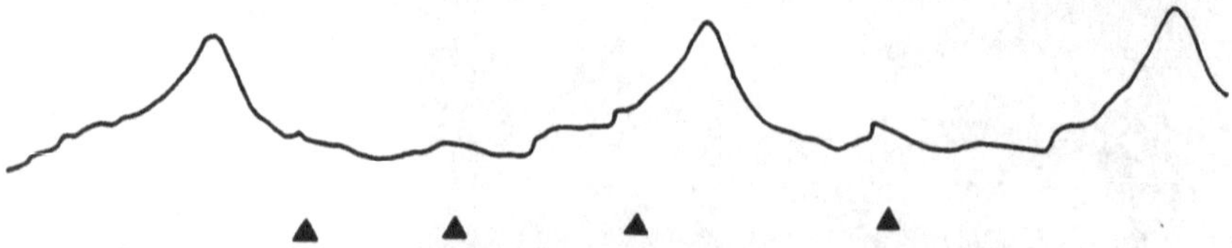

Abb. 6. Intrazelluläre Aktionspotentiale aus einer Muskelzelle des Myokards mit EPSP (▲). Kalibration 200 ms, 10 mV

tionen zentralnervösen Ursprunges, die über die segmentalen Herznerven einlaufen, koordiniert. Insofern können als eigentliche regulatorische Nerven zentralnervöser Herkunft nur die segmentalen Herznerven angesehen werden. Die zentralnervösen Efferenzen erfahren im lateralen Herznerven in Abstimmung mit dem aktuellen Funktionszustand des Herzens eine Modulation. Auf diese Weise erfolgt die endgültige Formulierung der regulatorischen Befehle für das Myokard, die über multiterminale und polyneurale Verbindungen vom lateralen Herznerven aus den Muskelzellen im Myokard mitgeteilt werden (Miller und Usherwood 1971, Richter 1973).

Die Erregungsübertragung vom lateralen Herznerven zum Myokard erfolgt wahrscheinlich durch Acetylcholin. Bei intrazellulären Ableitungen aus myokardialen Muskelzellen war unter den geprüften Neurotransmittersubstanzen nur Acetylcholin in der Lage, EPSP zu induzieren. Auch Neurohormon D ruft keine EPSP in den Muskelzellen hervor (Abb. 6).

Aus dem histologischen Aufbau des lateralen Herznerven ergeben sich besondere Vorteile für elektrophysiologische Untersuchungen der interneuronalen Mechanismen der Herzregulation (Abb. 3). Die segmentalen Herznerven enthalten zu etwa 90% ihrer Fasermasse Axone neurosekretorischer Zellen, deren Somata in den Bauchganglien liegen. Diese Axone münden in den lateralen Herznerven ein und bilden in ihm einen separaten Anteil an der Fasermasse. Durch Gliahüllen von diesem Anteil getrennt, verlaufen im lateralen Herznerven motorische Axone in großer Anzahl, deren Somata z. T. im lateralen Herznerven selbst, z. T. im Bereich der mediodorsalen Emminenz der Commissura corporis cardiaci (Bereich der Retrocerebraldrüsen) liegen. Auf Grund dieser beiden morphologisch getrennten Anteile des lateralen Herznerven (Abb. 3) sind unterschiedliche Typen von Aktionspotentialen bei seiner nervösen Funktion vorhanden, die sich durch Ableitung mittels Saugelektroden erfassen und differenzieren lassen.

Elektrophysiologisch unterscheiden sich durch ihre Größe und Leitungsgeschwindigkeit zwei für die vorliegende Problematik wichtige Typen: Die Potentiale der motorischen Axone haben eine Leitungsgeschwindigkeit von 0,3—0,5 m/s und sind relativ groß. Sie breiten sich in anteriorer und posteriorer Richtung über den gesamten lateralen Herznerven aus. Manche dieser motorischen Axone scheinen nur auf Dehnungsreize anzusprechen, andere sind spontan und kontinuierlich über lange Zeitintervalle aktiv. Im Gegensatz dazu beträgt die Ausbreitungsgeschwindigkeit der wesentlich kleineren Potentiale der neurosekretorischen Axone nur 0,2 m/s. Dieser Wert ist auch bei anderen Objekten für neurosekretorische Zellen typisch. Sie breiten sich ebenfalls in beiden Richtungen über den lateralen Herznerven aus, allerdings mit geringerer Entladungsfrequenz als die der motorischen Axone (Abb. 4 und 5). Aus den Segmentalnerven, die einen hohen Anteil neurosekretorischer Axone enthalten, sind vorwiegend Potentiale dieses Types abzuleiten, was die Zuordnung dieser Potentiale zu diesem Fasertyp unterstreicht.

Beide Axontypen unterscheiden sich aber auch in ihrem pharmakologischen Verhalten, was in dem hier zu erörternden Zusammenhange besonders interessiert.

Die Potentialhäufigkeit der neurosekretorischen Axone zeigt eine Dosis-Wirkungsabhängigkeit von Neurohormon D, die bereits bei einer Neurohormon-Konzentration entsprechend 2 Paar Corpora cardiaca eine 50%ige Steigerung erreicht (Richter und Stürzebecher 1969, Richter und Gersch 1974) (Abb. 8). Die für die jeweilige Konzentration charakteristische Maximalreaktion tritt bereits eine Minute nach Applikation des Neurohormons in die Badlösung des Präparates ein. Die motorischen Axone reagieren demgegenüber auf Neurohormon-D-Gaben nicht mit signifikanten Änderungen der Entladungsfrequenz.

Acetylcholin wirkt auf beide Axontypen (Abb. 7). Durch differenzierte Auswertung der Änderung der Potentialhäufigkeit nach Acetylcholin-Applikation lassen sich die Wirkungen dieser Neurotransmittersubstanz auf die motorischen und

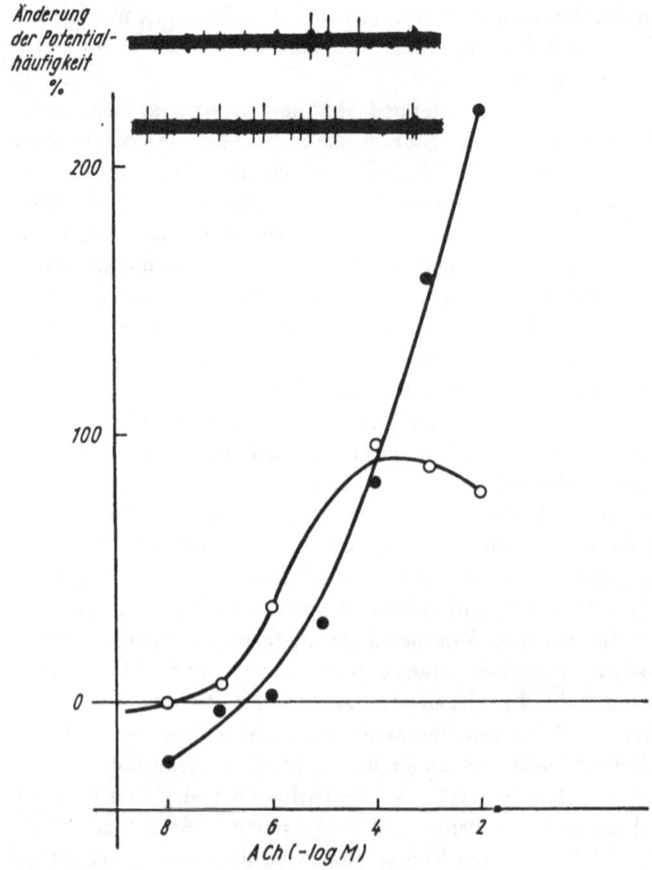

Abb. 7. Dosis-Wirkungsbeziehung für Acetylcholin bei der Beeinflussung der Potentialhäufigkeit motorischer (●) und neurosekretorischer (○) Axone. Im Einsatz obere Reihe Kontrolle, untere Reihe Acetylcholin-Wirkung

neurosekretorischen Axone quantitativ unterscheiden. Während die Reaktion der neurosekretorischen Axone auf Acetylcholin ihr Maximum bei einer oberen Konzentration von 10^{-4} M erreicht, zeigen die motorischen Axone eine strenge Dosis-Abhängigkeit ihrer Reaktion zwischen 10^{-8}—10^{-2} M. Bei gleichen Steigerungswerten der Potentialhäufigkeit sind die neurosekretorischen Axone gegenüber Acetylcholin um eine Zehnerpotenz empfindlicher als die motorischen Axone. Im gleichen Konzentrationsbereich wie Acetylcholin (10^{-8}—10^{-4} M) liegt auch für Neostigmin eine Dosis-Wirkungsbeziehung der Änderung der Potentialhäufigkeit an den neurosekretorischen Axonen vor.

Prüfung der Wirkung von Cholinolytika ergab das Vorhandensein von einheit-

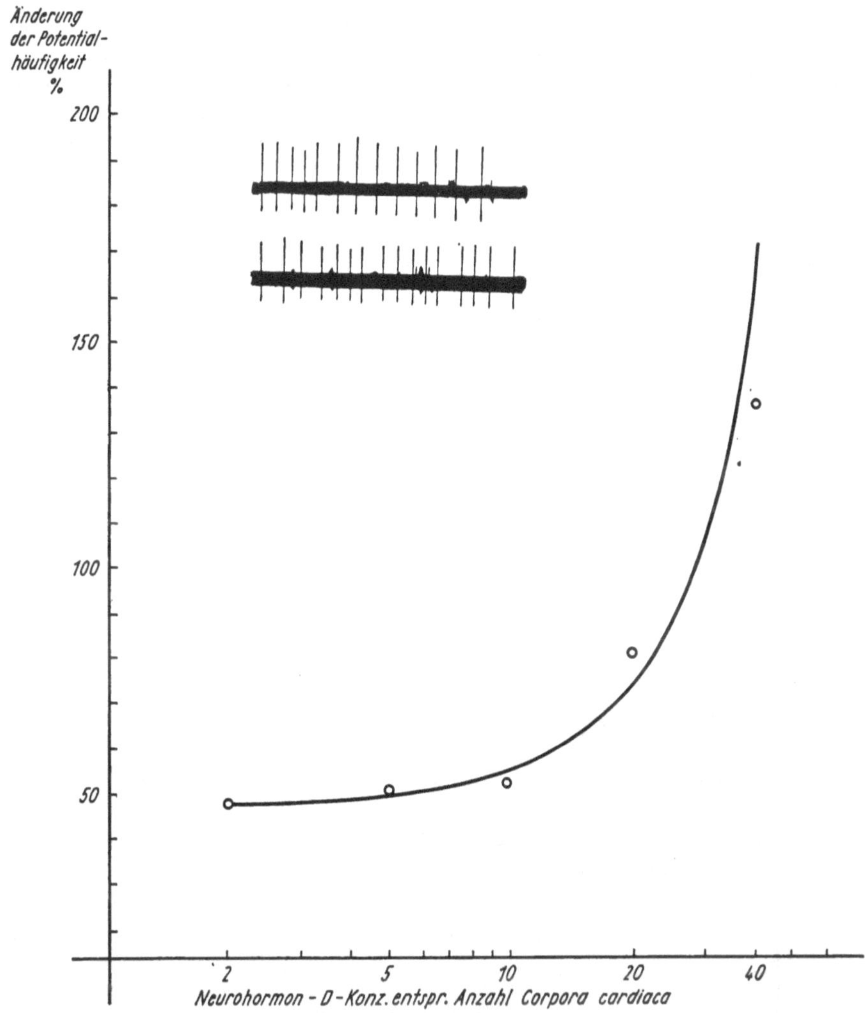

Abb. 8. Dosis-Wirkungsbeziehung für Neurohormon D bei der Stimulation der Potentialhäufigkeit neurosekretorischer Axone. Im Einsatz obere Reihe Kontrolle, untere Reihe Neurohormon-D-Wirkung

lichen Rezeptoren für Acetylcholin an beiden Axontypen. Curarin hat in beiden Fällen keinerlei cholinolytischen Effekt, obwohl Nikotin von $1{,}5 \cdot 10^{-6}$ M an cholinomimetisch wirkt. Dagegen wirkt Vorbehandlung des Präparates mit Atropin cholinolytisch für nachfolgende Acetylcholin-Applikationen (Abb. 9). Zwar hat Atropin selbst einen generell hemmenden Effekt auf die Nervenaktivität des lateralen Herznerven, der sich in einer Senkung der Entladungsfrequenz aller Potentialtypen um 20—40% gegenüber dem Normalzustand zeigt. Vermutlich liegt dabei, ähnlich wie auch für die Atropinwirkung am Vertebratenherzen, bereits eine cholinolytische Wirkung vor. Wesentlich ist aber, daß nach vorheriger Behandlung des lateralen Herznerven mit Atropin die stimulierende Wirkung des Acetylcholins sowohl an den motorischen als auch an den neurosekretorischen Axonen unterdrückt ist.

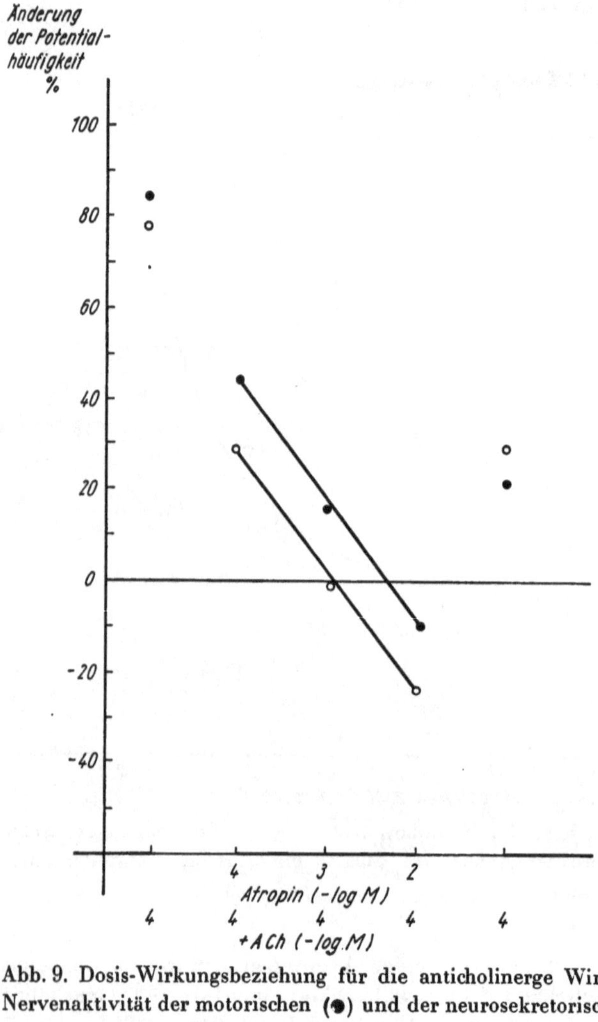

Abb. 9. Dosis-Wirkungsbeziehung für die anticholinerge Wirkung des Atropins an der Nervenaktivität der motorischen (●) und der neurosekretorischen (○) Axone

Damit war zunächst eine Parallele zwischen cholinergem und peptidergem System innerhalb des lateralen Herznerven erwiesen. Sie besteht darin, daß das cholinerge System, das sowohl in den motorischen Axonen als auch in dem neurosekretorischen Anteil des lateralen Herznerven vorhanden ist, offensichtlich über gleichartige Rezeptoren verfügt. Daneben tritt aber bei der Erregungsbildung in den neurosekretorischen Axonen noch die peptiderge Wirkung durch das Neurohormon D in Erscheinung. Es war zu fragen, in welchem Funktionszusammenhang beide Systeme in den neurosekretorischen Axonen bei der Erregungsbildung stehen.

Da bisher keine geeigneten Pharmaka zur in-vivo Inhibition der peptidergen Wirkungen an Neuronen bekannt sind, konnte nicht geprüft werden, welche Auswirkungen die Blockierung des peptidergen Systems hat. Somit konnte nur eine Ausschaltung des cholinergen Systems durch Blockierung der Acetylcholin-Wirkung mittels Atropins erfolgen. Auf diese Weise war es möglich zu prüfen, ob die Wirkung des Neurohormons D auf die Nervenaktivität im lateralen Herznerven vom cholinergen System abhängt.

Nach drei Minuten dauernder Vorbehandlung des Präparates mit Atropin tritt zunächst die oben bereits erwähnte und für Atropin typische Senkung der Potentialhäufigkeit um maximal 40% in Erscheinung. Durch nachfolgende Applikation, selbst der optimalen Wirkungsdosis des Neurohormons D entsprechend 10 Paar Corpora cardiaca, kann diese Senkung nicht aufgehoben werden. Erst bei Auswaschen des Präparates mit Ringerlösung nähert sich die Impulsfrequenz der neurosekretorischen Axone wieder dem Vergleichswert des Normalzustandes (Abb. 10).

Bei der Beurteilung des Resultates hat man davon auszugehen, daß der cholinerge Mechanismus der motorischen und der neurosekretorischen Axone in unterschiedlichem Funktionszusammenhang gesehen werden muß. Zunächst scheint es sich in beiden Fällen bei der Wirkung des Neurotransmitters Acetylcholin um eine unterschiedlich stark ausgebildete grundlegende synaptische Funktion zu handeln. Das wird auch durch Befunde an isolierten und denervierten Herzsegmenten in vitro unterstützt, in denen Acetylcholin wirkungslos bleibt. Die Aufhebung der Wirkung von Neurohormon D an den neurosekretorischen Axonen nach Vorbehandlung mit Atropin weist darauf hin, daß die peptiderge Neurohormon-D-Wirkung an diesen Neuronen nur durch Vermittlung über das Acetylcholin erfolgen kann. Das legt die Vermutung nahe, daß Neurohormon D eine modulierende Wirkung auf die cholinerge Aktivität dieser Axone hat, denn eine direkte Beteiligung der Erregungsübertragung scheint für das Neurohormon nicht vorzuliegen, wie aus den bereits oben geschilderten Versuchen zur Auslösung von EPSP in myokardialen Muskelzellen hervorgeht. Über eine hormonale, direkte Wirkung am Myokard hinaus rückt das Neurohormon D damit in den unmittelbaren Zusammenhang der nervösen und der hormonalen Herzregulation, indem hier außerdem noch die modulierende Wirkung über das cholinerge System vorliegt. Prinzipiell ist es dabei gleichgültig, ob das Neurohormon D auf hormonalem oder humoralem Wege die Axone des lateralen Herznerven erreicht. Das dürfte sich nur auf die Zeitkonstante der Reaktion auswirken.

Obwohl eine Reihe von Fragen noch offenbleibt, wie z. B. die nach der funktionellen Rolle eines außerdem noch vorhandenen Acetylcholin-abhängigen dopaminergen Systems (RICHTER und GERSCH 1974), ist hier doch ein weiteres Beispiel der hormonalen Modulationswirkung auf neuronaler Ebene gefunden, für die sowohl bei Invertebraten als auch bei Vertebraten bereits zahlreiche Fälle bekannt sind (RICHTER 1974).

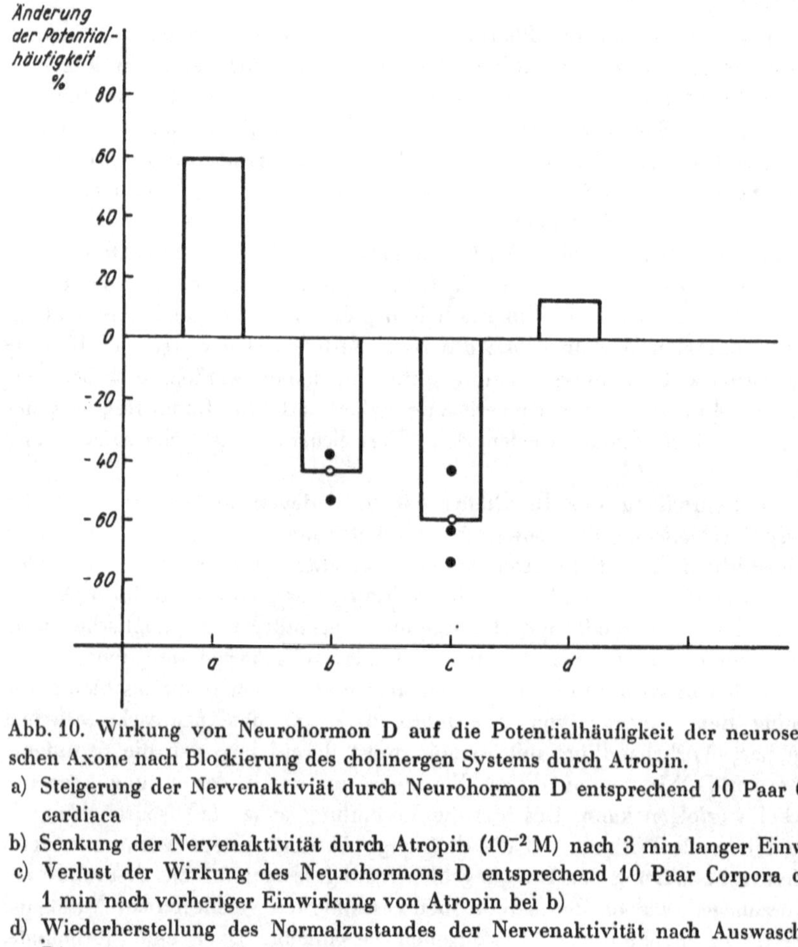

Abb. 10. Wirkung von Neurohormon D auf die Potentialhäufigkeit der neurosekretorischen Axone nach Blockierung des cholinergen Systems durch Atropin.

a) Steigerung der Nervenaktiviät durch Neurohormon D entsprechend 10 Paar Corpora cardiaca
b) Senkung der Nervenaktivität durch Atropin (10^{-2} M) nach 3 min langer Einwirkung
c) Verlust der Wirkung des Neurohormons D entsprechend 10 Paar Corpora cardiaca 1 min nach vorheriger Einwirkung von Atropin bei b)
d) Wiederherstellung des Normalzustandes der Nervenaktivität nach Auswaschen mit Ringerlösung über 20 min

Literatur

BAUMANN, E., und M. GERSCH: Untersuchungen zur Stabilität des Neurohormons D. Zool. Jb. Physiol. 77, 153—160 (1973).

MILLER, T., und P. N. R. USHERWOOD: Studies of cardio-regulation in the cockroach, *Periplaneta americana*. J. exp. Biol. 54, 329—348 (1971).

Richter, K.: Zur Wirkung von Neurohormon D auf die Membranpotentiale von Muskelzellen des Myokards von *Blaberus craniifer* Burm. (Insecta: Blattaria), ein Beitrag zur Frage der Regulation des Insektenherzens. Zool. Jb. Physiol. **76**, 51—63 (1971).

Richter, K.: Struktur und Funktion der Herzen wirbelloser Tiere. Zool. Jb. Physiol. **77**, 477—668 (1973).

Richter, K.: Zum Problem der hormonalen Modulation neuronaler Prozesse. Biol. Rdsch. **12**, 326—334 (1974).

Richter, K., und J. Stürzebecher: Elektrophysiologische Untersuchungen zum Wirkungsmechanismus von Neurohormon D am lateralen Herznerven von *Periplaneta americana* (L.). Z. w. Z. **180**, 148—163 (1969).

Richter, K., und M. Gersch: Untersuchungen über die Wirkung cholinerger, aminerger und peptiderger Substanzen am lateralen Herznerven und den funktionellen Zusammenhang dieser Wirkungen bei der Herzregulation von *Blaberus craniifer* Burm. (Insecta: Blattaria). Zool. Jb. Physiol. **78**, 16—32 (1974).

Günther Sterba

Morphologische Grundlagen einer humoralen Informationsübermittlung durch Peptide bei Wirbeltieren

1. Begriffsbestimmung

In dem Titel meines Vortrages wird im Hinblick auf das Gesamtanliegen des Symposiums der Begriff „humorale Informationsübermittlung" verwendet. Um Mißverständnissen und Verwechslungen mit den Termini „humorale Übertragung" und „humorale Steuerung" vorzubeugen, halte ich es für erforderlich zu erläutern, mit welcher inhaltlichen Bedeutung dieser Begriff eingesetzt werden soll. Die Notwendigkeit einer Begriffsbestimmung wird zusätzlich durch die Tatsache unterstrichen, daß dieser Terminus in der Neuroendokrinologie der Wirbeltiere selten zur Anwendung kommt. Unter „humoraler Informationsübermittlung" werden alle Formen des direkten oder indirekten Informationstransfers mit Hilfe von obligatorischen oder fakultativen Wirkstoffen verstanden. Aus dieser Definition ist für das Nervensystem abzuleiten, daß der Begriff sowohl die chemische Übertragung an den Synapsen als auch alle Formen der chemischen Modulation von Neuron-Aktivitäten im Synapsenbereich und außerhalb davon erfaßt.

Die Termini „humorale Steuerung" und „humorale Übertragung" werden ganz im Sinne der im Wörterbuch der Neurophysiologie (Burkhardt 1969, Nr. 444 und 445) gegebenen Erläuterung, d. h. als Synonyma für „hormonale Steuerung" bzw. „chemische Übertragung" verwendet.

Die folgenden Ausführungen konzentrieren sich vorwiegend auf die morphologischen Voraussetzungen einer „humoralen Informationsübermittlung" im Synapsenbereich peptiderger Nervenzellen.

2. Das peptiderge neurosekretorische Hinterlappensystem der Wirbeltiere

Bei Wirbeltieren sind die Peptidhormone produzierenden und sezernierenden neuronalen Systeme, kurz auch als peptiderge neurosekretorische Systeme bezeichnet, auf den Hypothalamus konzentriert. Bei niederen Wirbeltieren, vor allem Knorpel- und Knochenfischen, befindet sich ein zweites peptiderges neurosekretorisches Zentrum im Endabschnitt des Rückenmarkes. Im Hypothalamus unterscheidet man das Vorderlappensystem und das Hinterlappensystem. Letzteres wird häufig auch als das „Klassische Neurosekretsystem“ bezeichnet. Das Vorderlappensystem (Abb. 1), charakterisiert durch die Freisetzung von Releasing- und Inhibiting-Hormonen im Bereich der Eminentia mediana, den Hypophysenpfortaderkreislauf als bekannten Teil des Transportweges und die Wirkorte in der Adenohypophyse, liefert zu unserer Thematik bislang keine Beiträge. Trotz zahlreicher Versuche ist es auch mit immunhistologischen Methoden noch nicht gelungen, alle hormonproduzierenden Neuronenpopulationen sicher zu lokalisieren. Viele Mitteilungen dieser Art haben sich bislang als nicht ganz stichhaltig erwiesen. Damit fehlt auch jede Möglichkeit, die Verschaltung der hormonproduzierenden

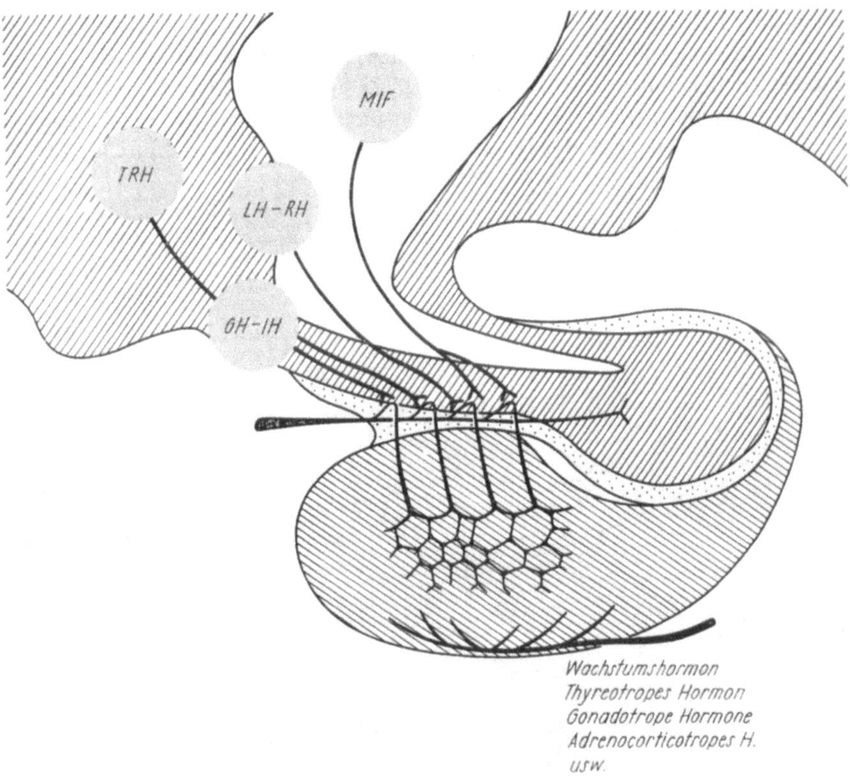

Abb. 1. Schematische Darstellung des peptidergen Vorderlappensystems der Säugetiere. Die hypophysiotropen Peptidhormone werden in Neuronen produziert, gelangen im Bereich der Eminentia mediana in den Hypophysenpfortaderkreislauf und über diesen in die Adenohypophyse, wo sie die Ausschüttung von Hypophysenhormonen initiieren oder hemmen. Die Bildungsorte sind bislang nicht stichhaltig gesichert. Unter den zahlreichen hypophysiotropen Peptiden konnte bislang nur für 4 nachgewiesen werden, daß sie auch in vivo vorkommen. GH—IH (growth hormone — inhibiting hormone = Somatostatin), LH—RH (luteinizing hormone — releasing hormone), MIF (MSH — release-inhibiting factor), TRH (thyreotropin releasing hormone)

Neuronen morphologisch zu analysieren. Von den zahlreichen Verbindungen, die im pharmakologischen Experiment hypophysiotrope Wirkungen zeigen, konnte bis heute nur für vier der Beweis erbracht werden, daß sie auch in vivo vorkommen (Abb. 1).

Das Hinterlappensystem (HS) ist im Gegensatz zu dem Vorderlappensystem in allen Teilabschnitten morphologisch analysierbar. Histologie, Histochemie, Elektronenmikroskopie u. a. morphologische Methoden haben in der Erforschung Schrittmacherfunktionen, d. h. erkunden neue Grundlagen und ermöglichen sowohl den zielgerichteten, strukturbezogenen Einsatz physiologischer, biochemischer und pharmakologischer Methoden als auch die morphologische Kontrolle einschlägiger Experimente. Das HS gehört heute auf Grund dieser vielseitigen Bearbeitungsmöglichkeiten zu den am besten bekannten neurobiologischen Teilsystemen und kann deshalb für viele Fragestellungen der allgemeinen Neurobiologie und Endokrinologie als Modell herangezogen werden. Bis vor kurzem bestand die Auffassung, daß das HS im wesentlichen aus den magnozellulären Hypo-

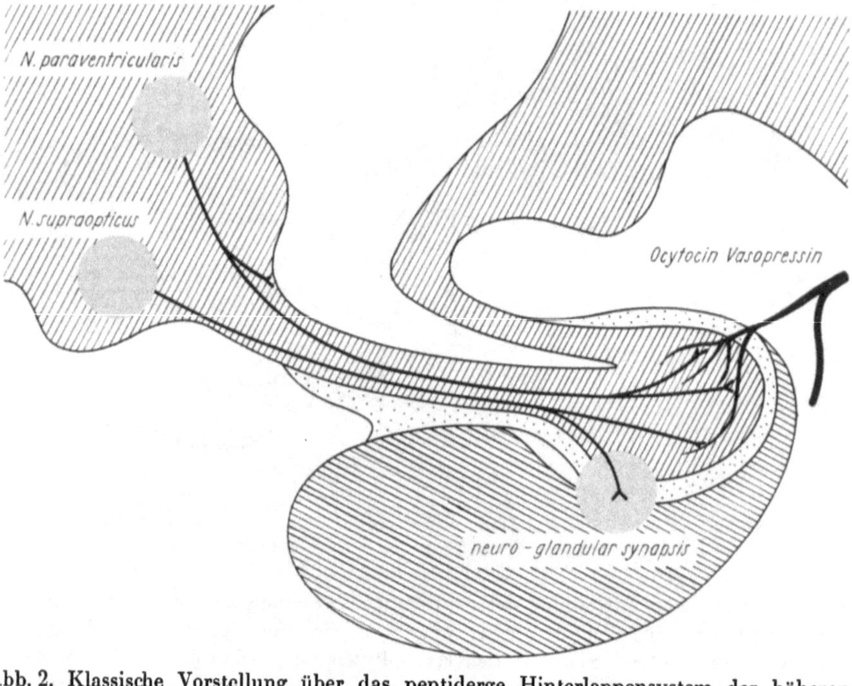

Abb. 2. Klassische Vorstellung über das peptiderge Hinterlappensystem der höheren Wirbeltiere. Die in den Kerngebieten des N. supraopticus und des N. paraventricularis synthetisierten Oktapeptidhormone vom Typ des Oxytocins werden gekoppelt an einen Carrier, in den Axonen in die Neurohypophyse transportiert, dort gespeichert und nach Bedarf in den Kreislauf freigesetzt. Die Terminalen der peptidergen Axone können vor allem im Hypophysenmittellappen „synaptoide“ Kontaktzonen mit Drüsenzellen bilden

thalamuskernen, — als den Produktionsorten der Hinterlappenhormone —, der neurosekretorischen Bahn, — als dem Transportweg — und der Neurohypophyse, — als dem Speicher- und Freisetzungsort —, besteht (Abb. 2). Einzelne neurosekretorische Fasern außerhalb des Hypothalamus, wie sie vor allem bei niederen Wirbeltieren gelegentlich beschrieben wurden, betrachtete man als Sonderdifferenzierungen oder als Ausdruck mangelnder Integration des Systems. Erst in den letzten Jahren konnte gezeigt werden, daß bei allen Wirbeltieren, einschließlich der Säugetiere, neben dem skizzierten deszendierenden Abschnitt des HS ein aszendierender Abschnitt vorhanden ist (vgl. Abb. 8), der die Ankopplung des HS an limbische Strukturen und die retikulären Formationen des Mes- und Myelencephalons gewährleistet (Sterba 1974 a, b). Im Gegensatz zu den im deszendierenden Abschnitt formierten Neuronen, deren Terminalen keine Kontaktbeziehungen ausbilden oder solche nur ausnahmsweise mit Drüsen- oder Gliazellen (Knowles und Vollrath 1966, Bargmann und Mitarb. 1967) eingehen, sind die Terminalen der Neuronen des aszendierenden Abschnittes Präsynapsen, die zusammen mit den subsynaptischen Membranabschnitten von Nachfolgeneuronen echte synaptische Einheiten darstellen. Diese Tatsache liefert die notwendigen Grundlagen zur Auseinandersetzung mit der Frage nach der neurohumoralen Informationsübermittlung im synaptischen Bereich peptiderger Neuronen.

Zunächst soll jedoch kurz auf die zur Zeit wichtigsten morphologischen Methoden eingegangen werden, die zur Analyse des HS eingesetzt werden. Dabei steht das Ziel im Vordergrund, weitere Sachverhalte herauszustellen und ihre methodische Absicherung durchschaubar zu machen.

Auf histologisch-histochemischem Gebiet läßt sich das HS sehr spezifisch durch den Nachweis des dort gebildeten Neurosekretes darstellen. Dieses bei allen Wirbeltieren vorkommende Neurosekret wird als ein Carrierprotein-Hormon-Komplex (Neurophysin-Hormon-Komplex) aufgefaßt. Seine Anfärbbarkeit in oxydierten Schnitten mit Chromhaematoxylin nach Gomori-Bargmann oder Paraldehydfuchsin nach Gabe beruht auf der Kombination der Farbstoffe mit den durch Oxydation aus Disulfidbrücken entstandenen —SO_3^--Gruppen. Der relative —S—S-Anteil liegt beim Neurophysin und Hormon etwa in der gleichen Größenordnung, auch sind beide Verbindungen in aequimolaren Mengen vorhanden. Da jedoch die Molekulargewichte des Neurophysins und Hormons in einem Verhältnis von 10 : 1 stehen, kann man annehmen, daß die Anfärbbarkeit vorwiegend durch das Neurophysin bedingt ist. Empfindlicher und spezifischer als die genannten Methoden ist die Pseudoisozyanin-Fluoreszenztechnik (Sterba 1961, 1964). Diese histochemische Reaktion gibt zwar den obigen Färbungen entsprechende Bilder (Abb. 3), gestattet jedoch darüber hinaus die Darstellung äußerst geringer Sekretmengen. Auch konnte gezeigt werden, daß nur das oxydierte Neurophysin, nicht aber oxydiertes Hormon mit Pseudoisozyanin reagieren. Anscheinend erfüllen die beiden —SO_3^--Gruppen des oxydierten Hormons nicht die für die Reaktion notwendigen räumlichen Voraussetzungen.

Alle bislang durchgeführten Sequenzanalysen an Neurophysinen verschiedener

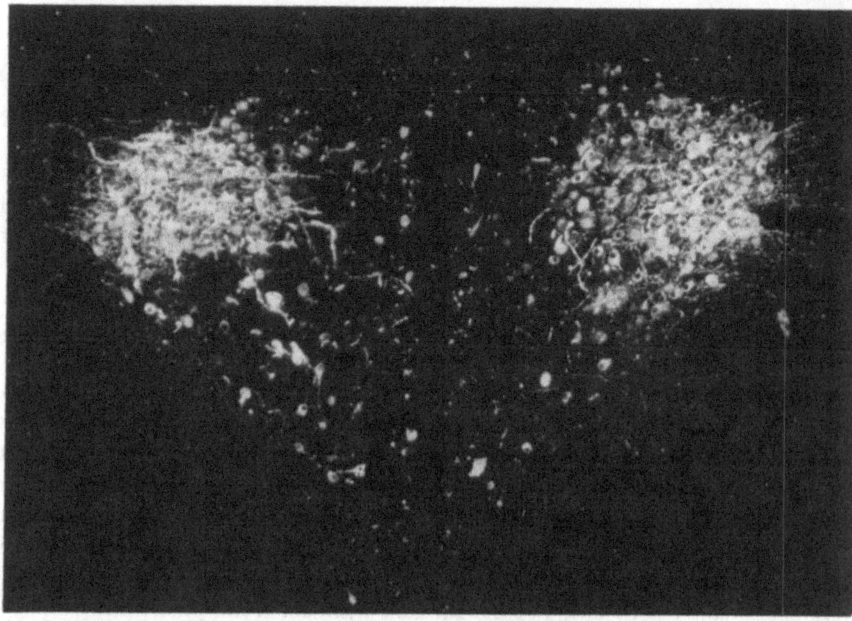

Abb. 3. Rechter und linker Nucleus paraventricularis der Ratte. Darstellung des Carrierproteins (Neurophysin) mit der Pseudoisozyanin-Fluoreszenztechnik

Spezies zeigen, daß es sich um weitgehend homologe Proteine handelt, die sich aus etwa 95 Aminosäuren aufbauen. Im Gegensatz zu den relativ variablen C- und N-terminalen Aminosäureresten, zeigen die inneren, teilweise vermutlich auf Genduplikationen zurückführbaren Sequenzen große Einheitlichkeit (Walter 1975). Zur Zeit ist die Primärstruktur von 3 Neurophysinen (N-I und N-II vom Rind, N-I vom Schwein) lückenlos, von anderen teilweise bekannt (Mensch, Ratte, Meerschweinchen u. a.). Für die Ankopplung des Hormons ist u. a. die Nachbarschaft des einzigen Tyrosinrestes (Pos. 49) verantwortlich (Breslow 1975, Cohen und Mitarb. 1975, Walter 1975).

Mit Hilfe der Pseudoisozyanin-Fluoreszenztechnik war es möglich, den hier besonders interessierenden aszendierenden Abschnitt des HS bei Vertretern aller Klassen der Wirbeltiere vergleichend zu untersuchen (Abb. 4). Dabei zeigte sich, daß von dem N. praeopticus (Anamnier), bzw. N. paraventricularis und N. supraopticus (Amnioten) ausgehende, in der Regel diffus verlaufende Fasern verschiedene Strukturen des limbischen Systems erreichen. Einige dieser exohypothalamischen neurosekretführenden Fasern sind bei allen bislang untersuchten Spezies, andere nur bei den Vertretern untergeordneter Taxa anzutreffen. Zur ersten Gruppe gehören die Verbindungen zu den medialen Septumkernen, zur Habenularregion und zu dem Subfornikalorgan (nur bei Amphibien, Sauropsiden und Säugetieren). Daneben existieren bei allen Wirbeltieren Faserverbindungen zur Formatio reticularis mesencephali und zur somatosensorischen Region des Rhomb-

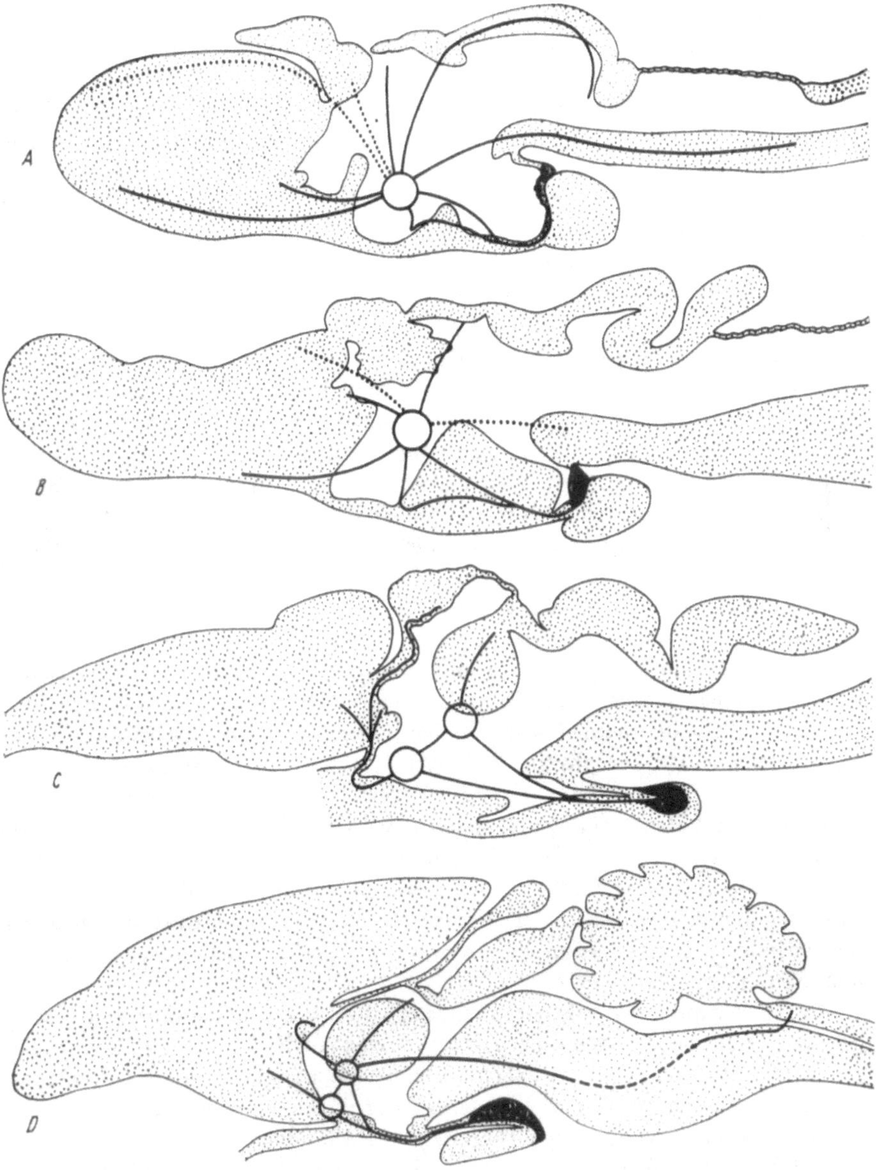

Abb. 4. Schematische Darstellung der aszendierenden Abschnitte der Hinterlappensysteme bei einigen tetrapoden Wirbeltieren. Von oben nach unten: Molch, Frosch, Schildkröte, Säuger. Man beachte, daß bei A, B und D peptiderge Fasern bis in das Nachhirn reichen. Die Schildkröte ist daraufhin noch nicht untersucht

encephalon. Bei der Taube und der Ratte enden die letztgenannten, häufig relativ zahlreichen Fasern im Bereich des N. cuneatus und vor allem N. gracilis. Die exohypothalamischen Fasern selbst haben die typische Struktur neurosekretorischer Fasern des HS, d. h., sind Perlschnurfasern mit Abschnitten, in denen Auftreibungen dicht aufeinanderfolgen, und Abschnitten, die nahezu sekretfrei sind. Die Endigungen der Fasern stellen sich in günstigen Fällen als knopfförmige Erweiterungen im Bereiche der Somata von anderen Neuronen dar. Ältere, mit klassischen Färbemethoden durchgeführte Beobachtungen über exohypothalamische neurosekretorische Fasern (Barry 1954, 1961, Legait 1956, 1957, Legait und Legait 1957 a, b, 1958) konnten durch die angeführten Befunde bestätigt und erweitert werden.

In den letzten Jahren wurden, zunächst noch ganz auf den deszendierenden Abschnit des HS orientiert, immunhistologische Methoden zum Nachweis von Neurophysin (Livett und Mitarb. 1971, Zimmerman und Mitarb. 1973 u. a.) und von Vasopressin und Oxytocin (Vandesande und Dierickx 1975 u. a.) in die Neurosekretionsforschung eingeführt. Durch diese Methoden war es nicht nur möglich, die mit klassischen histologisch-histochemischen Techniken erzielten Ergebnisse beweiskräftig zu bestätigen, sondern auch in entscheidenden Punkten zu erweitern. Dazu gehören vor allem der Nachweis, daß bei Säugetieren Vasopressin und Oxytocin anteilig sowohl im N. supraopticus als auch im N. paraventricularis produziert werden, daß weiterhin, wie auch mein Mitarbeiter Wolf (1976) zeigen konnte, viele Neurophysine der Wirbeltiere mit Antikörpern gegen Schweineneurophysin Kreuzreaktionen liefern (Abb. 5), d. h., vermutlich weitgehend identisch sind (Watkins 1975 a, b), und daß auch von den Neuronen des parvocellulären Nucleus suprachiasmaticus Neurophysin und vielleicht auch Vasopressin synthetisiert werden.

In unserem Laboratorium verwendeten wir den immunhistologischen Neurophysinnachweis als „Three-Layer Immunoperoxidase Bridge-Technik" vor allem zur Darstellung exohypothalamischer Fasern und konnten bei den bislang untersuchten Objekten feststellen, daß die mit Pseudoisozyanin nachweisbaren aszendierenden neurosekretorischen Fasern auch eine positive Immunreaktion zeigen, d. h. Neurophysin enthalten.

Mit elektronenmikroskopischen Methoden lassen sich u. a. die charakteristischen Speicherorganellen der Neuronen des HS darstellen. Es handelt sich um Vesikel mit relativ elektronendichtem Inhalt (Abb. 6). Sie werden in den ergastoplasmareichen Perikaryen von den Golgizisternen abgeschnürt und im Axoplasma transportiert. Die Freisetzung in den Terminalen wird in vivo durch bestimmte Salven von Aktionspotentialen initiiert. Diese bedingen eine Erhöhung des Kalzium-Einstroms als Voraussetzung einer Wechselwirkung zwischen Vesikel- und Zellmembran. Die Entleerung erfolgt vermutlich vorwiegend durch Exocytose, wobei die Vesikelmembran nach kompensatorischer Endozytose in Form von Mikrovesikeln letztlich in den Terminalen verbleibt. Jedes Neurophysinvesikel enthält etwa 6×10^4 Moleküle Neurophysin in dichter Verpackung und die gleiche Anzahl

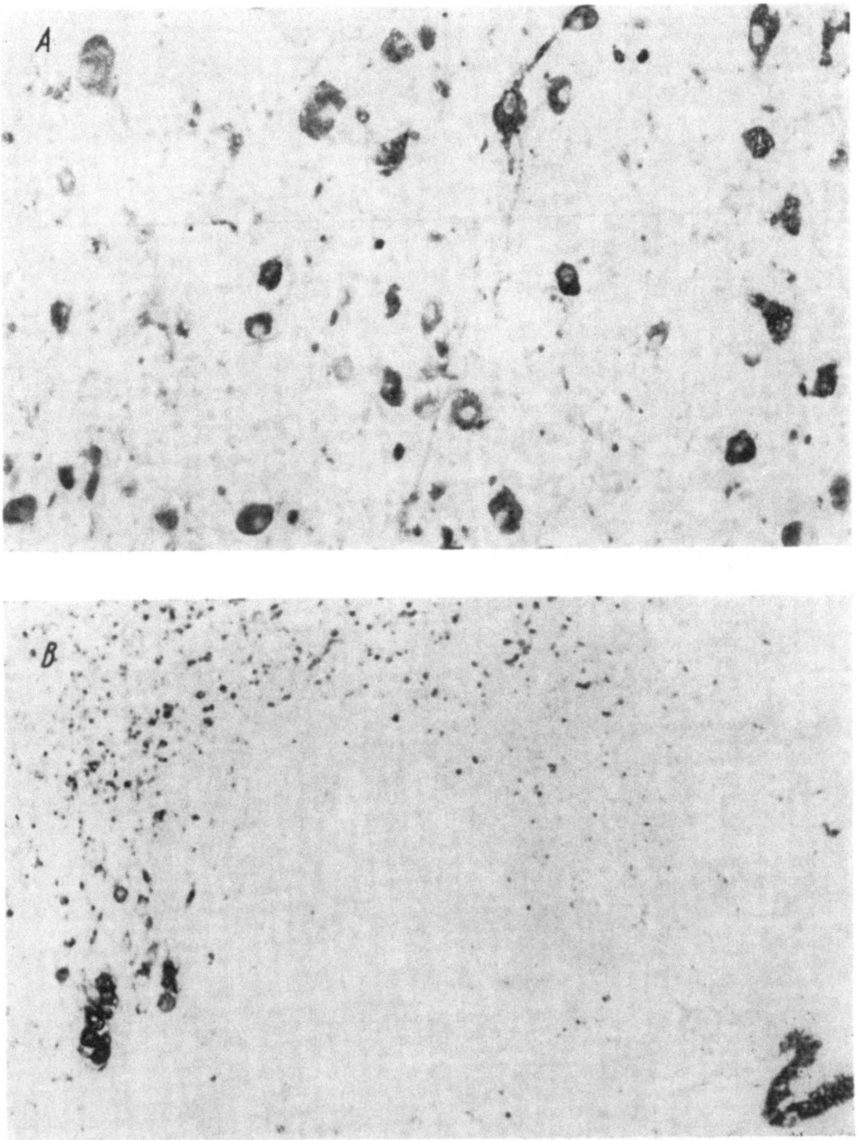

Abb. 5. Immunhistologischer Neurophysin-Nachweis (Three-Layer-Immunoperoxidase Bridge-Technik). Kreuzreaktionen zwischen Schweine-Neurophysin-Antikörpern vom Kaninchen und Neurophysin vom Mensch (A), bzw. Neurophysin vom Neunauge (B). Die positive Kreuzreaktion zwischen einem Säugerneurophysin-Antikörper und dem Neurophysin eines Vertreters der primitivsten Wirbeltiere deutet an, daß der immunologisch aktive Molekülabschnitt des Neurophysins während der Stammesgeschichte nicht wesentlich verändert wurde

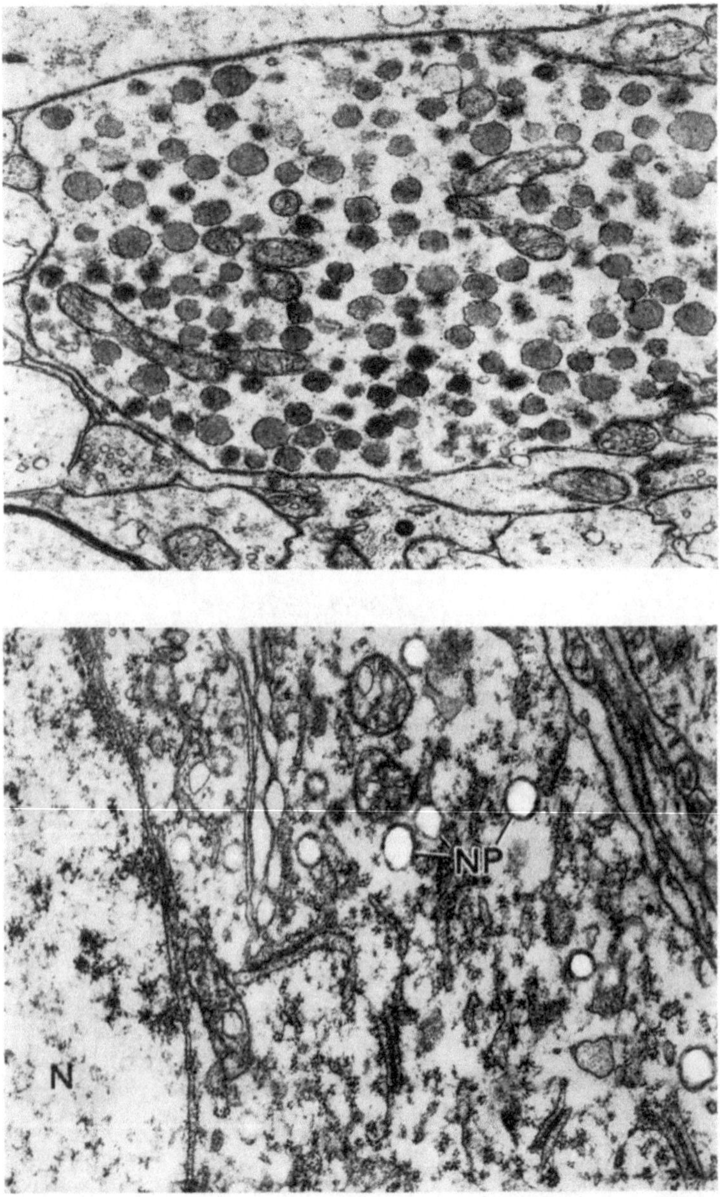

Abb. 6. Oben: Normale elektronenmikroskopische Darstellung von Neurophysinvesikeln in einem Axonquerschnitt.
Unten: Ultrahistochemischer Nachweis von Neurophysinvesikeln (NP) durch Herauslösung des Inhaltes der Vesikel; Perikaryon eines oxytocinergen Neurons (N Nucleus). Objekt: Ratte. Vergr. 35 000 : 1

Hormonmoleküle. Beide werden zu gleichen Anteilen ausgeschüttet (vgl. DREIFUSS 1975).

Die Durchmesser der Neurophysinvesikel liegen in der Größenordnung von 120—300 nm, die artspezifische Variabilität ist wesentlich geringer. Eine sichere Abgrenzung kleinerer Neurophysinvesikel von Monoaminvesikeln oder anderen neurogenen Vesikeln ist in Ultradünnschnitten auf Grund der sich überlappenden Durchmesser und bei manchen Präparationsmethoden auch strukturellen Ähnlichkeiten vielfach nicht mit der wünschenswerten Exaktheit möglich. Statistische Methoden zur Ermittlung von Vesikel-Größenklassen können nur bedingt in Aussagen über Vesikelinhalte umgesetzt werden. In diesem Zusammenhang verdient eine ultrahistochemische Methode Erwähnung, die Neurophysinvesikel spezifisch erfaßt (NAUMANN und STERBA 1976). Sie beruht auf der Löslichkeit des Vesikelinhaltes oxydierter Ultradünnschnitte im alkalischen Medium (Abb. 6, 7). Diese Methode ermöglicht auch dann Aussagen, wenn — wie bei der Untersuchung exohypothalamischer Bahnen — nur wenige Vesikel in Axonanschnitten vorhanden sind. Der Hauptvorteil ist jedoch durch die Möglichkeit gegeben, die Terminalen dieser Fasern in den Zielgebieten von anderen Endformationen mit ähnlichen Vesikeln zu differenzieren. Mit dieser Technik war es möglich nachzuweisen, daß die Terminalen der exohypothalamischen Fasern des HS als Präsynapsen organisiert sind und mit Nachfolgeneuronen echte Synapsen bilden (Abb. 7). Die strukturellen Charakteristika der Präsynapsen, wie die Verdickung der präsynaptischen Membran, die Gruppierung von Mikrovesikeln vor der präsynaptischen Membran sowie die Weite des synaptischen Spaltes deuten an, daß es sich um Synapsen im Dienste humoraler Übertragung handelt. Das neurosekretorische Neuron des HS entspricht auch in dieser Hinsicht einer normalen Nervenzelle. Diese Feststellung erfordert eine Berichtigung der klassischen Definition einer neurosekretorischen Zelle. In der Präsynapse kommen neben den Mikrovesikeln auch Neurophysinvesikel vor.

Bei den bislang untersuchten synaptischen Kontakten exohypothalamischer Fasern des HS verschiedener Wirbeltiere konnten in keinem einzigen Fall neben den Neurophysin- und Mikrovesikeln andere Vesikel beobachtet werden. Die exohypothalamische Präsynapse entspricht in dieser Hinsicht vollkommen den Terminalen in der Neurohypophyse und stellt deren synaptisch organisiertes Aequivalent dar.

Aus diesen Tatsachen ergeben sich zu dem Fragenkomplex nach der humoralen Informationsübermittlung durch Peptide im Synapsenbereich einige interessante Hinweise. Bevor wir uns jedoch mit diesem Kernproblem beschäftigen, soll die kurze Vorstellung des Hinterlappensystems komplettiert werden.

Die bei den verschiedenen Wirbeltieren gebildeten Neurohormone sind sämtlich Octapeptide vom Typ des Oxytocins. Tab. 1 zeigt, daß in der Regel 2 Hormone nebeneinander vorkommen und nur die Aminosäurereste in Position 3 und 7 variabel sind (Ausn. z. B. Isotocin). Gleichzeitig mit den Hormonen werden anscheinend auch die jeweils adaequaten Carrier gebildet (ROBINSON 1975).

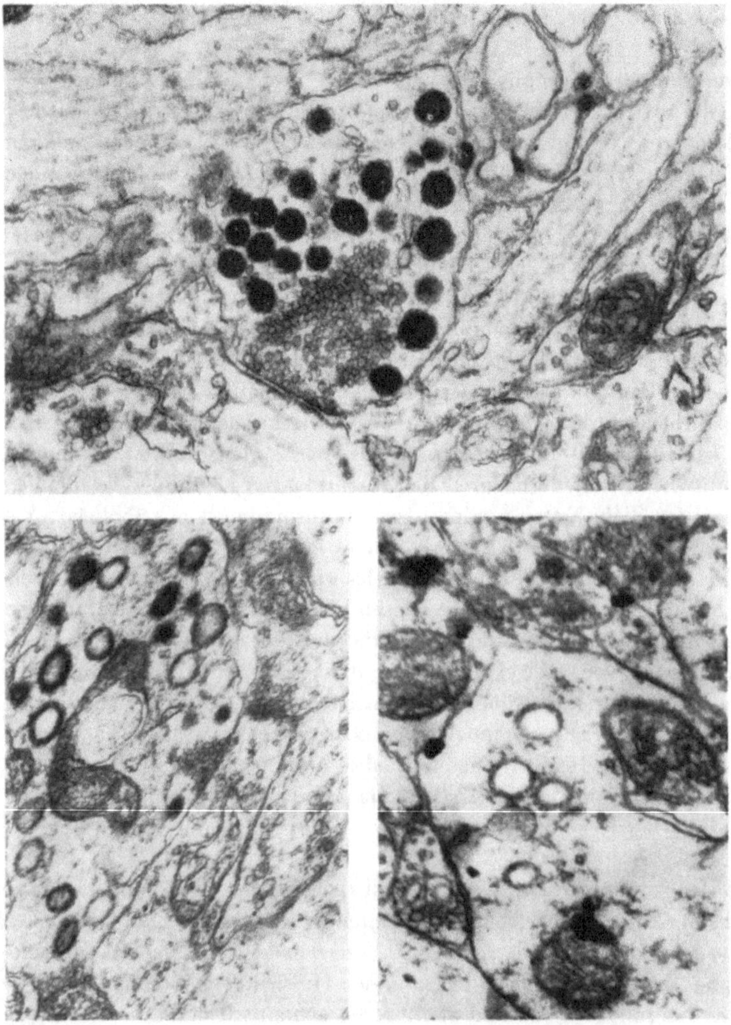

Abb. 7. Oben: Synapse aus dem Tectum opticum eines Molches (*Pleurodeles waltli*) mit Neurophysin- und Mikrovesikeln in der Praesynapse.
Unten links: Ultrahistochemischer Nachweis einer Synapse aus dem gleichen Bereich. In der Praesynapse Neurophysinvesikel, deren Inhalt durch die Reaktion herausgelöst wurde; die Mikrovesikel sind an der praesynaptischen Membran konzentriert.
Unten rechts: Querschnitt durch ein oxytocinerges Axon aus der somato-sensorischen Region der Medulla oblongata mit Neurophysinvesikeln, deren Inhalt durch die Reaktion herausgelöst wurde.
Alle Teilabb. etwa 35 000 : 1

Tabelle 1
Sequenz und taxonomische Verbreitung der Neurohormone vom Typ des Oxytocins bei Wirbeltieren

		Agnathi	Chondrichthyes	Osteichthyes	Dipnoi	Amphibia	Reptilia	Aves	Mammalia
Arg-Vasotocin	Cys — Tyr — Ile — Gln — Asn — Cys — Pro — Arg — Gly · NH_3	+		+	+	+	+	+	+ *
Shark-principle	● — ● — ● — ● — ● — ● — ● — ? — ●		+						
Glumitocin	● — ● — ● — Ser — ● — ● — ● — Gln — ●		+						
Isotocin	● — ● — ● — Ser — ● — ● — ● — Ile — ●			+					
Mesotocin	● — ● — ● — ● — ● — ● — ● — Ile — ●				+	+	+ ?	+	
Oxytocin	● — ● — ● — ● — ● — ● — ● — Leu — ●					+ ?	+ ?		+
Arg-Vasopressin	● — ● — Phe — ● — ● — ● — ● — ● — ●								+
Lys-Vasopressin	● — ● — Phe — ● — ● — ● — ● — Lys — ●		(pig hippopotamus)						+

● see Arg-Vasotocin

* isolated from pineal gland

Neuronen, die solche Hormone produzieren und freisetzen, werden von uns als „oxytocinerg" bezeichnet (WEGELIN und Mitarb. 1975). Mit diesem Terminus soll nicht nur der von BARGMANN und Mitarb. (1967) geprägte Überbegriff „peptiderg" den Gegebenheiten entsprechend spezifiziert werden, sondern auch der Aspekt Berücksichtigung finden, daß vielleicht ein und dasselbe Neuron in Abhängigkeit von der Stoffwechsellage das eine oder andere Hormon synthetisieren kann. Hinweise dazu lieferten neuerdings ZIMMERMANN und Mitarb. (1975).

Neben den bekannten Hormonen Oxytocin und Vasopressin konnten aus Säugerhypophysen noch andere oxytocinähnliche Peptide und das auf die Darmmuskulatur wirkende Coherin isoliert werden. Peptide vom Oxytocin-Typ und neurophysinähnliche Substanzen kommen im Nervensystem auch außerhalb des HS — d. h. unabhängig von seinen deszendierenden und aszendierenden Abschnitten — vor. Zum Beispiel wurden 8-Arg-Vasotocin und 8-Lys-Vasotocin im Pinealorgan nachgewiesen (MILCU und Mitarb. 1963, PAVEL 1965, PAVEL und Mitarb. 1973), das nach KRASS und Mitarb. (1971) auch neurophysinähnliche Proteine, sog. „Epiphysin", enthalten soll. ROBINSON und ZIMMERMAN (1973) berichteten von Neurophysin in den Ependymzellen des 3. Ventrikels, eine Angabe, die jedoch der Abgrenzung gegenüber den intraependymalen Liquorkontakt-Fortsätzen oxytocinerger Neuronen bedarf.

Zahlreiche Einzeldaten des HS konnten mit Hilfe von Isotopen erzielt werden, und die modernen Techniken der Hormon- und Neurophysinbestimmung sind sämtlich Radioimmunoassays. Funktionsmorphologische Beiträge lieferten vor allem autoradiographische Untersuchungen, wobei unter anderem Fragen nach der Transportgeschwindigkeit und der Art des Transportes im Vordergrund standen. Daß dazu seit den ersten Versuchen von SLOPER (1958) mit ^{35}S-Cystein noch keine allseitig befriedigende Antwort gefunden werden konnte (siehe NORSTRÖM 1975), ist in erster Linie durch die Wissenslücken bedingt, die hinsichtlich der am Transport beteiligten Membransysteme, einschließlich der Vesikelmembranen, bestehen.

Den informierenden Teil abschließend, sei noch darauf hingewiesen, daß für das Hypophysenhinterlappensystem mehrfach Wechselwirkungen mit dem Vorderlappensystem postuliert wurden. Am besten begründet sind bislang die Vorstellungen, daß das verm. im N. suprachiasmaticus gebildete Vasopressin über den Hypophysenpfortaderkreislauf zur Regulation der diurnalen Aktivitäten der Nebennierenrinde beiträgt (CAMPBELL und RAMALEY 1974, ZIMMERMAN und Mitarb. 1973).

3. Grundlagen und Gedanken zur humoralen Informationsübermittlung im Synapsenbereich neurosekretorischer peptiderger Neuronen

Auf Grund der sehr intensiven, mit modernsten Methoden durchgeführten elektrophysiologischen Untersuchungen an peptidergen Neuronen des Hinterlappensystems gilt heute als sicher, daß dieser Neuronentyp nicht nur hinsichtlich der Erregungsleitung anderen Neuronentypen entspricht, sondern auch chemische Übertragungsmechanismen realisiert. Diese erst in den letzten Jahren sich langsam durchsetzende Erkenntnis entspricht nicht dem ursprünglichen Konzept für die Neurosekretion, das für die klassische neurosekretorische Nervenzelle indirekt die Fähigkeit zur Bildung echter synaptischer Strukturen ausschließt. Wie schwierig sich dieser Prozeß des Umdenkens vollzieht, wird u. a. in dem Bericht über das VI. Internationale Symposium für Neurosekretion (London, 1973) deutlich. In diesem Bericht ergänzt der leider viel zu früh verstorbene Sir Francis Knowles, einer der Mitbegründer und hervorragenden Vertreter der Neuroendokrinologie, seine in der Einführung zu dem Symposium dargelegte Charakterisierung eines peptidergen Neurons *„This may need to be modified (see* Cross *this volume, p. 115) (*Knowles, *1974)."* „It receives synaptic efferents but itself makes no efferent synapses with other neurones." Cross (1974) hatte auf diesem Symposium deutlich gemacht, daß die elektrische Aktivität der peptidergen Neuronen des HS nach dem Prinzip der recurrenten Hemmung gesteuert wird. Er stützte sich dabei, ausgehend von den Untersuchungen Kandels (1964) beim Goldfisch, vorwiegend auf die Arbeiten an Säugetieren (Kelly und Dreifuss 1970, Barker und Mitarb. 1971, Hayward und Jennings 1973 a, b, Moss und Mitarb. 1972 a, b, Koizumi und Yamashita 1972 u. a.). Cross betont aber auch, daß für diese „Renshaw-like units" (Bezeichnung von Koizumi und Yamashita 1972) bislang keine morphologischen Hinweise vorliegen. Inzwischen teilte Barry (1975) in kurzer Form mit, daß sich solche Interneuronen bei der Maus nach Golgi-Dreifachimprägnation darstellen lassen, ein Befund, dessen Bestätigung von großem Wert wäre.

Für Säugetiere kann weiterhin als gesichert gelten, daß die Aktionspotentiale der Neuronen, die Oxytocin, Vasopressin und vielleicht auch Coherin produzieren (Hayward 1974), durch cholinerge Mechanismen (Nikotintyp-Rezeptoren) facilitiert und adrenerge Mechanismen (β-Rezeptoren) inhibiert werden. „But the morphological and neurotransmitter basis for the recurrent inhibition of neurosecretory cell discharges remains obscure" (Cross 1974, S. 126).

In diesem Zusammenhang erscheint es gerechtfertigt zu untersuchen, ob die im 2. Abschnitt beschriebenen neuro-neuronalen Synapsen der aszendierenden peptidergen Neuronen des HS einen Beitrag zu diesem offenen Problem liefern können.

Zunächst darf man davon ausgehen, daß durch den Nachweis von neuro-neuronalen Synapsen zwischen oxytocinergen Axonen und Nachfolgeneuronen ein für Wirbeltiere neuer Synapsentyp vorgestellt wird, der vor allem durch Peptidvesikel in der Präsynapse charakterisiert ist. Bislang waren nur Kontaktbeziehungen zwischen peptidergen Neuronen und Drüsenzellen bzw. Pituizyten aus dem Hypophysenbereich bekannt, die jedoch nicht ganz die Anforderungen erfüllen, die morphologisch an eine echte Synapse gestellt werden müssen (Knowles und Vollrath 1966, Bargmann und Mitarb. 1975). Auch von Wirbellosen sind solche „synaptoiden" Kontaktbeziehungen oder Kontakte par distance zwischen peptidergen Neuronen und anderen Neuronen bzw. anderen Zelltypen in vielfältiger Form bekannt (Scharrer und Wurzelmann 1974, Scharrer 1974, Gersch 1975).

Wenn aber die peptidergen Neuronen des aszendierenden Abschnittes des HS zur Ausbildung echter Synapsen mit Nachfolgeneuronen befähigt sind, kann auch angenommen werden, daß die peptidergen Neuronen des deszendierenden Abschnittes, z. B. Kollateralen der zur Neurohypophyse ziehenden Axone, diese Potenz besitzen, d. h., die von CROSS (1974) aufgezeigte Lücke durch zielgerichtete morphologische Untersuchungen geschlossen werden kann. In diesem Zusammenhang sei daran erinnert, daß OOTA und KOBAYASHI (1963) als Einzelbefund eine axodendritische Synapse zwischen einem neurosekretorischen Axon und einer nicht sekretorischen Faser erwähnen.

Das Vorkommen von Neurophysinvesikeln in der Präsynapse initiiert Spekulationen über deren funktionelle Bedeutung. Dabei kann man in Analogie zu den Terminalen in der Neurohypophyse davon ausgehen, daß die Vesikelinhalte in Abhängigkeit von den eingehenden Spike-Salven freigesetzt werden. Die Orte der Freisetzung werden, wie in der Neurohypophyse, durch Ansammlungen von Mikrovesikeln markiert, die aus den Membranen der Neurophysinvesikel durch kompensatorische Endozytose der Membranreste entstehen sollen (DREIFUSS 1975). In den peptidergen Synapsen liegen die Mikrovesikel unmittelbar vor der verdickten präsynaptischen Membran, d. h., die Neurophysinvesikel werden vermutlich in den synaptischen Spalt entleert. Einschränkend muß jedoch erwähnt werden, daß elektronenmikroskopisch hier noch keine Exozytosestadien beobachtet werden konnten. Allerdings sind auch keinerlei Hinweise dafür vorhanden, daß die Neurophysinvesikel an anderer Stelle entleert werden oder im präsynaptischen Bercich ein Abbau ihres Inhaltes stattfindet. Es kann deshalb zunächst von der Annahme ausgegangen werden, daß Neurophysin und Hormon in den synaptischen Spalt freigesetzt werden. Völlig offen und vorerst nicht zu klären ist die Frage, ob das postsynaptische Element entsprechende Rezeptoren besitzt.

In den peptidergen Synapsen der aszendierenden oxytocinergen Neuronen sind in struktureller Hinsicht keine Hinweise vorhanden, daß außer den genannten Neurophysin- und Mikrovesikeln noch weitere Substanzen, vor allem klassische Neurotransmitter, vorkommen. Man könnte aus dieser Tatsache folgern, daß, ähnlich wie für die Terminalen der Neurohypophyse bewiesen (vgl. DREIFUSS 1975), keine weiteren Substanzen vorkommen. Die peptidergen Neuronen des Hinterlappensystems wären dann charakterisiert durch die Fähigkeit zur Synthese von Peptidwirkstoffen bei gleichzeitiger Repression des genetischen Potentials zur Bildung von Neurotransmittern. Leider liegen die Verhältnisse vermutlich wesentlich komplizierter. Zumindest für die synaptische Verknüpfung mit den „Renshaw-like units" durch Kollateralen wird, wie oben gezeigt, ein Neurotransmitter angenommen. Auch in dieser Frage müssen zunächst weitere Einzelergebnisse abgewartet werden.

Man kann bei funktionellen Betrachtungen natürlich auch die Frage stellen — und in meinem Vortrag habe ich dies versucht —, ob Neurohormone als Neurotransmitter wirken können. NICOLL und BARKER (1971) haben diese Frage durchaus positiv beantwortet, andere, wie BLOOM (1972), KRNJEVIĆ (1974) und AGRANOFF (1975), vertreten die Auffassung, daß Peptide, z. B. Substanz P und Neurohormone, im Zentralnervensystem vorrangig als Modulatoren und nicht als Neurotransmitter wirksam sind. Selbstredend kann aus verschiedenen Gründen, z. B. des Informationsgehaltes, von einem Peptidmolekül nicht erwartet werden, daß es beispielsweise hinsichtlich der zeitlichen Parameter seiner Aktivitäten den im msec-Bereich wirkenden, wesentlich unkomplizierteren klassischen Neurotransmittern voll entspricht. Andererseits ist die Vorstellung nicht ganz abwegig, daß ausschließlich peptiderge Synapsen die Funktion von Langzeitstellgliedern in Neuronenketten haben können. Allerdings müßte dann zusätzlich zu den klassischen elektrischen und chemischen Synapsen ein auch funktionell neuartiger Synapsentyp konzipiert werden. Bei den Wirbellosen gibt es zahlreiche morphologische Hinweise auf die Existenz solcher rein peptiderger Kontaktbereiche (Zusammenfassungen bei Scharrer und Wurzelmann 1974, Scharrer 1974 und Gersch 1975), aber auch Untersuchungen, die eine echte Langzeitmodulation durch Neurohormone (Vasopressin und analoge Peptide) bei Mollusken (Barker und Gainer 1974) nachweisen. Die letztgenannten Beobachtungen machen besonders deutlich, daß das Neuron als multirezeptives Glied eines Systems aufgefaßt werden muß, dessen Einbindung in das System durch die Grundaktivität von Neurotransmittern gewährleistet wird, die Ja-Nein-Antworten implizieren. Die Variation dieser Grundaktivität ist von den Rezeptormustern abhängig, die neben den Neurotransmitter-Rezeptoren in allen Regionen der Zellmembran lokalisiert sein können. Dazu gehört auch der Synapsenbereich, der in diesem Sinne in Abhängigkeit von den vorhandenden Rezeptormustern gleichzeitig Ort der Neurotransmission und synaptischer Modulation sein kann.

Das Modell der oxytocinergen neurosekretorischen Synapse ist bei Wirbeltieren bislang der einzige peptiderge Synapsentyp, der die Chance einschließt, die Frage der neurohormonalen Informationsübermittlung durch Peptide im Synapsenbereich auch unter morphologischen Aspekten zu analysieren.

4. Hinweise zur intracerebralen Bedeutung des aszendierenden Abschnittes des Hinterlappensystems (Abb. 8)

Als unser Arbeitskreis vor etwa 15 Jahren mit Untersuchungen an dem peptidergen neurosekretorischen System der Wirbeltiere begann, gingen wir von der Hypothese aus, daß die Hormone vom Oxytocin-Typ außer ihren bekannten peripheren Wirkungen auch funktionelle Angriffsorte im Zentralnervensystem selbst haben könnten. Einige z. T. in Zusammenarbeit mit der damaligen Abt. Neurophysiologie des Hirnforschungsinstitutes der Karl-Marx-Universität durchgeführte Untersuchungen erbrachten erste Hinweise auf die Richtigkeit dieser Vorstellung (Sterba und Kormann 1966, Schäker und Mitarb. 1966, Sterba 1966, 1967). Inzwischen wurden zahlreiche verschiedenartige Wirkungen der Hinterlappenhormone auf unterschiedliche zerebrale Funktionen beobachtet und gemessen.

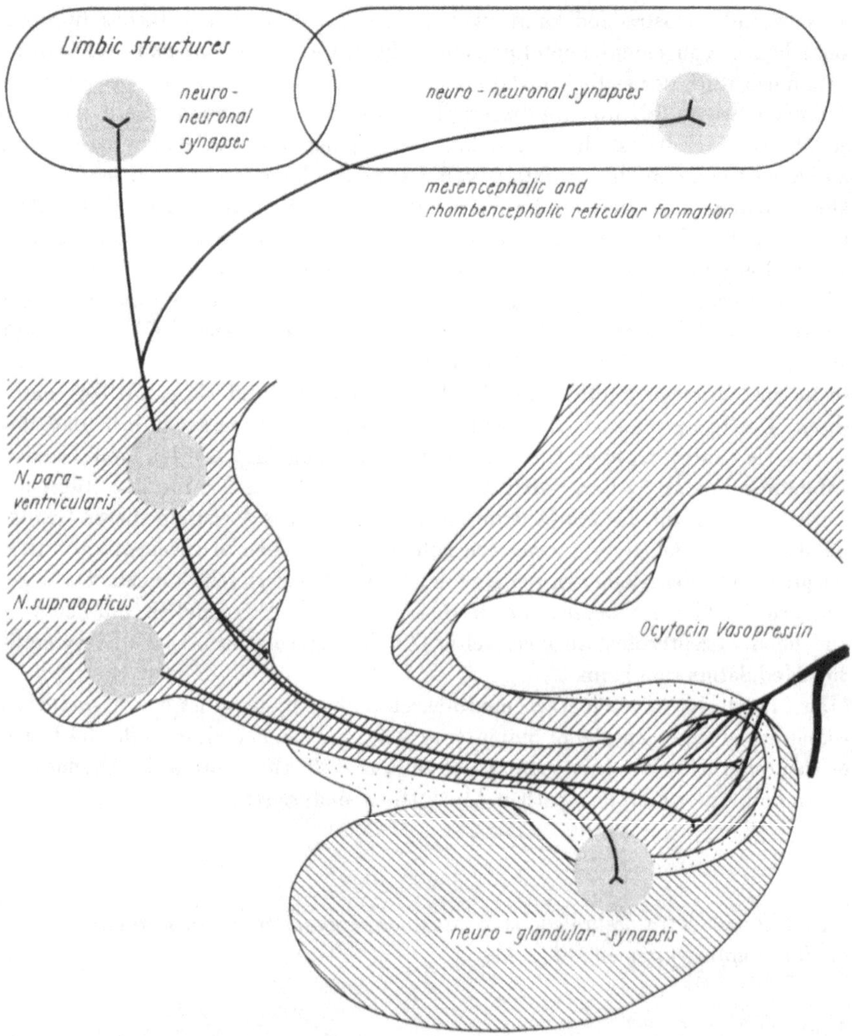

Abb. 8. Das neurosekretorische peptiderge Hinterlappensystem mit dem klassischen deszendierenden Abschnitt und den aszendierenden exohypothalamischen Faserverbindungen. Letztere sind mit Neuronen der Zielorte in der Regel durch neuro-neuronale Synapsen verknüpft.

Dazu wird Herr Unger einen Überblick geben. Hier sollen nur jene Aspekte kurz angedeutet werden, für die sich ein Zusammenhang mit den in Kapitel 2 und 3 dargestellten Ergebnissen postulieren läßt. Über die in Zusammenarbeit mit dem Pharmakologischen Institut der Medizinischen Akademie Magdeburg zu dieser Problematik angestellten Untersuchungen selbst wird meine Mitarbeiterin Dr. Bigl berichten. Von der Arbeitsgruppe de Wied in Utrecht konte durch zahlreiche Untersuchungen in dem Zeitraum 1960 bis heute gesichert werden, daß Neurohormone, vor allem das Vasopressin und analoge Verbindungen, Gedächtnisprozesse beeinflussen (de Wied und Bohus 1966, Bohus und Mitarb. 1972, 1973, van Wimersma-Greidanus und de Wied 1976 u. a.). Nach peripherer Applikation der Wirkstoffe läßt sich eine mehr oder weniger deutliche Verlängerung des Behaltens von Gedächtnisinhalten (eine Verbesserung der Retention) bzw. eine Verzögerung des Gedächtnisverlustes (Abflachung der Extinktion) beobachten. Die Abb. 9 faßt einige wichtige Ergebnisse schematisch zusammen. Die funktionellen Grundlagen und die morphologische Basis dieser Effekte sind bislang unbekannt. Die Auffindung des aszendierenden Abschnittes des Hinterlappensystems mit seinen synaptischen Verknüpfungen eröffnet die Möglichkeit, nach eventuellen Korrelationen zwischen beiden Befunden zu suchen.

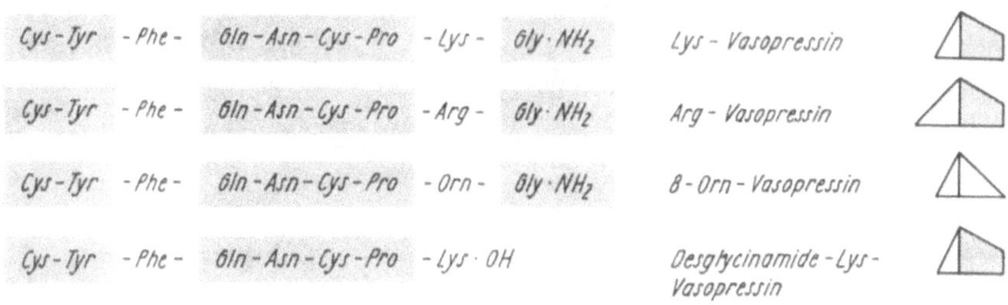

Abb. 9. Einige Beispiele zu gedächtniswirksamen Effekten von Vasopressin und analogen Verbindungen (nach Ergebnissen der Arbeitsgruppe de Wied). Eine Verkleinerung der linken Hälfte der Dreiecksfigur bedeutet eine Verbesserung der Lernzeit (Acquisition). Die Verbesserung der Retention ist durch eine Vergrößerung der rechten Hälfte bei gleichzeitiger Grautönung angezeigt.

Ebenso interessant ist jedoch die Frage, ob das Hinterlappensystem über die nachgewiesene Anbindung an limbische Strukturen an der Generierung limbischer Funktionen beteiligt ist. Für eine Modulation der Emotionslage und der Verhaltensmuster durch Hinterlappenhormone liegen erste Hinweise vor. So konnten z. B. Kihlström und Dannigs (1972) eine Beeinflussung des Sexualverhaltens beim Haushuhn und der Taube nach Applikation von Neurohormonen beobachten.

Abschließend sei betont, daß der Nachweis eines aszendierenden Abschnittes des Hinterlappensystems und seiner synaptischen Verknüpfungen ein neues Untersuchungsgebiet der Neuroendokrinologie erschlossen hat, das durch den möglichen Bezug zu den zentralen Funktionen des Gehirns nicht nur höchst interessant ist, sondern auch hinsichtlich des Schwierigkeitsgrades der Bearbeitung besonders hohe Anforderungen stellt.

Literatur

AGRANOFF, B. W.: Neurotransmitter and synaptic transmission. Federation Proc. 34, 1911—1914 (1975).

BARGMANN, W., E. LINDNER und K. H. ANDRES: Über Synapsen an endokrinen Epithelzellen und die Definition sekretorischer Neurone. Untersuchungen am Zwischenlappen der Katzenhypophyse. Z. Zellforsch. **77**, 282—298 (1967).

BARKER, J. L., H. W. CRAYTON, and R. A. NICOLL: Antidromic and orthodromic responses of paraventricular and supraoptic neurosecretory cells. Brain Res. **33**, 353—366 (1971).

BARKER, J. L., and H. GAINER: Peptide regulation of bursting pacemaker activity in a molluscan neurosecretory cell. Science **184**, 1371—1372 (1974).

BARRY, J.: Neurocrinie et synapses « neurosécrétoires ». Arch. anat. micr. Morph. exp. **43**, 310—320 (1954).

BARRY, J.: Recherches morphologiques et expérimentales sur la glande diencéphalique et l'appareil hypothalamo-hypophysaire. Ann. Sci. Univ. Besançon, Zool. Physiol. Sér. **2**, 3—133 (1961).

BARRY, J.: Essai de classification, et technique de Golgi, des diverses catégories de neurones du noyau paraventriculaire chez la souris. C. R. Séanc. Soc. Biol. **169**, 978 (1975).

BLOOM, F. E.: Amino-acids and polypeptides in neuronal function. Neurosci. Res. Progr. Bull. **10**, 121—251 (1972).

BOHUS, B., R. ADLER, and D. DE WIED: Effects of vasopressin on active and passive avoidance behavior. Hormones and Behavior **3**, 191—197 (1972).

BOHUS, B., W. H. GIPSEN, and D. DE WIED: Effects of lysine vasopressin and $ACTH_{4-10}$ on conditioned avoidance behavior of hypophysectomized rats. Neuroendocrinology **11**, 137—143 (1973).

BRESLOW, E.: On the mechanism of binding of neurohypophyseal hormones and analoges to neurophysin. In: Walter, R. (Ed.): Neurophysins: Carriers of peptide hormones. Ann. N. Y. Acad. Sci. **248**, 423—441 (1975).

BURKHARDT, D.: Wörterbuch der Neurophysiologie. Jena: VEB Gustav Fischer 1969.

CAMPBELL, C. B. G., and J. RAMALEY: Retinohypothalamic projections: correlation with onset and the adrenal rhythm in infant rats. Endocrinology **94**, 1201—1204 (1974).

COHEN, P., M. CAMIER, J. WOLFF, R. ALAZARD, J. S. COHEN, and J. H. GRIFFIN: Studies of bovine neurophysin-neurohypophyseal hormone interactions. In: Walter, R. (Ed.): Neurophysins: Carriers of peptide hormones. Ann. N. Y. Acad. Sci. **248**, 463—479 (1975).

CROSS, B. A.: The neurosecretory impulse. In: Knowles, F., L. Vollrath (Eds.): Neurosecretion — The final neuroendocrine pathway, pp. 115—128. Berlin-Heidelberg-New York: Springer 1974.

DREIFUSS, J. J.: A review on neurosecretory granules: Their contents and mechanism of release. In: Walter, R. (Ed.): Neurophysins: Carriers of peptide hormones. Ann. N. Y. Acad. Sci. **248**, 184—201 (1975).

GERSCH, M.: Prinzipien neurohormonaler und neurohumoraler Steuerung physiologischer Prozesse bei wirbellosen Tieren und Versuch einer ersten komplexen Charakterisierung. Wiss. Beiträge der Friedr.-Schiller-Univ., Jena, 1—151 (1975).

HAYWARD, J. N., and D. P. JENNINGS: Activity of magnocellular neuroendocrine cells in the hypothalamus of unanaesthetised monkeys. I. Functional cell types and their anatomical distribution in the supraoptic nucleus and internuclear zone. J. Physiol. (Lond.) **232**, 515—543 (1973 a).

Hayward, J. N.: Neurohormonal regulation of neuroendocrine cells in the hypothalamus (cited from Cross, 1974).

Hayward, J. N., and D. P. Jennings: Activity of magnocellular neuroendocrine cells in the hypothalamus of unanaesthetised monkeys. II. Osmosensitivity of functional cell types in the supraoptic nucleus and internuclear zone. J. Physiol. (Lond.) **232**, 545—572 (1973 b).

Kandel, E. R.: Electrical properties of hypothalamic neuroendocrine cells. J. gen. Physiol. **47**, 691—717 (1964).

Kelly, J. S., and J. J. Dreifuss: Antidromic inhibition of identified rat supraoptic neurones. Brain Res. **22**, 406—409 (1970).

Kihlström, J. E., and J. Dannigs: Neurohypophysial hormones and sexual behavior in males of the domestic fowl (*Gallus domesticus* L.) and the pigeon (*Columba livia* Gmel.). Gen. comp. Endocr. **18**, 115—120 (1972).

Knowles, F.: Twenty years of neurosecretion. In: Knowles, F., L. Vollrath (Eds.): Neurosecretion — The final neuroendocrine pathway, pp. 3—11. Berlin-Heidelberg-New York: Springer 1974.

Knowles, F., and L. Vollrath: Neurosecretory innervation of the pituitary of the eels Anguilla and Conger. Proc. roy. Soc. B. Biol. Sci. **250**, 311—342 (1966).

Koizumi, K., and H. Yamashita: Studies of antidromically identified neurosecrctory cells of the hypothalamus by intracellular and extracellular recordings. J. Physiol. (Lond.) **221**, 683—705 (1972).

Krass, M. E., F. S. La Bella, S. H. Shin, and J. Minnich: Biochemical features of the pineal compared with other endocrine and nervous tissues. Mem. Soc. Endocrinol. **19**, 49—76 (1971).

Krnjević, K.: Chemical nature of synaptic transmission in vertebrates. Physiol. Rev. **54**, 418—540 (1974).

Legait, H.: Les voies efférentes des noyaux neurosécrétoires hypothalamiques chez les oiseaux. C. R. Soc. Biol. (Paris) **150**, 996—998 (1956).

Legait, H.: Anatomic microscopique des noyaux hypothalamiques neurosécrétoires et de leurs voies efférentes chez la Poule Rhode Island. Acta neuroveget. **15**, 252—262 (1957).

Legait, H., et E. Legait: Les voies extra-hypophysaires des noyaux neurosécrétoires hypothalamiques chez les batraciens et les reptiles. Acta anat. (Basel) **30**, 429—443 (1957 a).

Legait, H., et E. Legait: Relations entre les noyaux hypothalamiques neurosécrétoires et les régions septales et habénulaires chez quelques oiseaux. Acta neuroveget. (Wien) **17**, 143—147 (1957 b).

Legait, H., et E. Legait: Présence d'une voie neurosécrétoire hypothalamo-habénulaire et mise en évidence d'une activité antidiurétique au niveau des ganglions de l'habénulae chez la poule. C. R. Soc. Biol. (Paris) **152**, 828 (1958).

Livett, B. G., L. O. Uttenthal, and D. B. Hope: Localization of neurophysin II in the hypopthalamo-neurohypophysial system of the pig by immunofluorescence histochemistry. Phil. Trans. Roy. Soc. London, Ser. B. **261**, 372—379 (1971).

Milcu, S. M., S. Pavel, and C. Neascu: Biological and chromatographic characterization of a polypeptide with pressor and oxytocic activities isolated from bovine pineal gland. Endocrinology **72**, 563—566 (1963).

Moss, R. L., R. E. J. Dyball, and B. A. Cross: Excitation of antidromically identified neurosecretory cells of the paraventricular nucleus by oxytocin applied iontophoretically. Exp. Neurol. 34, 95 (1972 a).

Moss, R. L., I. Urban, and B. A. Cross: Microelectrophoresis of cholinergic and aminergic drugs on paraventricular neurons. Amer. J. Physiol. **223**, 310—318 (1972 b).

Naumann, W., and G. Sterba: Ultrastructural studies on neurophysin-containing vesicles of the neurosecretory system of vertebrates. Cell Tiss. Res. **165**, 545—553 (1976).

Nicoll, R. A., and J. L. Barker: The pharmacology of recurrent inhibition in the supraoptic neurosecretory system. Brain Res. **35**, 501—511 (1971).

Norström, A.: Axonal transport and turnover of neurohypophyseal proteins in the rat. In: Walter, R. (Ed.): Neurophysins: Carriers of peptide hormones. Ann. N. Y. Acad. Sci. **248**, 46—63 (1975).

Oota, Y., and H. Kobayashi: Synapses between neurosecretory axons and the processes of non-neurosecretory neurons (preliminary report). Zool. Magazine **72**, 35—39 (1963).

Pavel, S.: Evidence for the presence of lysine vasotocin in the pig pineal gland. Endocrinology **77**, 812—817 (1965).

Pavel, S., M. Dorcescu, R. Petrusen-Holban, and E. Ghinea: Biosyntheses of vasotocin-like peptide in cell cultures from pineal glands of human fetusses. Science **181**, 1252—1253 (1973).

Robinson, A. G.: Radioimmunoassay of neurophysin proteins: Utilization of specific neurophysin assays to demonstrate independent secretion of different neurophysins in vivo. In: Walter, R. (Ed.): Neurophysins: Carriers of peptide hormones. Ann. N. Y. Acad. Sci. **248**, 246—256 (1975).

Robinson, A. G., and E. A. Zimmerman: Cerebrospinal fluid and ependymal neurophysin. J. Clin. Invest. **52**, 1260—1267 (1973).

Schäker, W., F. Klingberg, G. Sterba und L. Pickenhain: Der Einfluß von Oxytocin auf zentralnervöse Funktionen bei der Ratte im chronischen Experiment. Pflügers Archiv **228**, 322—331 (1966).

Scharrer, B.: New trends in invertebrate neurosecretion. In: Knowles, F., L. Vollrath (Eds.): Neurosecretion — The final neuroendocrine pathway, pp. 285—287. Berlin-Heidelberg-New York: Springer 1974.

Scharrer, B., and S. Wurzelmann: Observation on synaptoid vesicles in insect neurons. Zool. Jb. Physiol. **78**, 387—396 (1974).

Sloper, J. C.: Hypothalamo-neurohypophysial neurosecretion. Int. Rev. Cytol. **7**, 337—389 (1958).

Sterba, G.: Über eine sehr spezifische neue Methode zum Nachweis von Neurosekret. Acta biol. med. germ. **7**, 228—231 (1961).

Sterba, G.: Grundlagen des histochemischen und biochemischen Nachweises von Neurosekret (= Trägerprotein der Oxytocine) mit Pseudoisozyaninen. Acta histochem. **17**, 268—292 (1964).

Sterba, G.: Zur cerebrospinalen Neurokrinie der Wirbeltiere. In: Verhandlungen der Deutschen Zool. Ges. in Jena 1965. Zool. Anz. Suppl. **29**, 393—440 (1966).

Sterba, G.: Chemische Fernsteuerung durch Neurohormone. Oxytocin erhöht die Reaktionsbereitschaft der Wirbeltiere. Umschau Wiss. Techn. **67**, 515—519 (1967).

Sterba, G.: Ascending neurosecretory pathways of the peptidergic type. In: Knowles, F., L. Vollrath (Eds.): Neurosecretion — The final neuroendocrine pathway, pp. 38—47. Berlin-Heidelberg-New York: Springer 1974 (a).

Sterba, G.: Das oxytocinerge neurosekretorische System der Wirbeltiere, Beitrag zu einem erweiterten Konzept. Zool. Jb. Physiol. **78**, 409—423 (1974 b).

Sterba, G., und J. Kormann: Der Einfluß von Oxytocinen auf das ständige Hirnpotential von narkotisierten Fröschen. Pflügers Archiv **287**, 345—350 (1966).

Vandesande, F., and K. Dierickx: Identification of the vasopressin producing and of the oxytocin producing neurons in the hypothalamic magnocellular neurosecretory system of the rat. Cell Tiss. Res. **164**, 153—162 (1975).

Walter, R.: Primary structure and evolution of neurophysins. In: Walter, R. (Ed.): Neurophysins: Carriers of peptide hormones. Ann. N. Y. Acad. Sci. **248**, 397—407 (1975).

Watkins, W. B.: Immunocytochemical identification of neurophysin-secreting neurons in the hypothalamo-neurohypophysial system of some non-mammalian vertebrates. Cell Tiss. Res. **162**, 511—521 (1975 a).

Watkins, W. B.: Neurosecretory neurons in the hypothalamus and median eminence of the dog and sheep as revealed by immunohistochemical methods. In: Walter, R. (Ed.): Neurophysins: Carriers of peptide hormones. Ann. N. Y. Acad. Sci. **248**, 134—252 (1975 b).

Wegelin, R., G. Sterba und G. Hoheisel: Licht- und elektronenmikroskopische Untersuchungen am exohypothalamischen oxytocinergen System von *Pleurodeles waltli* Michah. (Urodela). Biol. Zbl. **94**, 633—660 (1975).

de Wied, D., and B. Bohus: Long term and short term effects on retention of a conditioned avoidance responce in rats by treatment with long acting pitressin and β-MSH. Nature **212**, 1484—1486 (1966).

van Wimersma-Greidanus, Tj. B., and D. de Wied: The physiology of the neurohypophysial system and its relation to memory processes. In press (1976).

Wolf, G.: Immunohistological identification of neurophysin and neurophysin-like substances in different vertebrates. Endokrinologie **68**, 288—299 (1976).

Zimmerman, E. A., K. C. Hsu, A. G. Robinson, P. W. Carmel, A. G. Frantz, and M. Tannenbaum: Studies of neurophysin secreting neurons with immunoperoxidase techniques employing antibody to bovine neurophysin. 1. Light microscopic findings in monkey and bovine tissues. Endocrinology **92**, 931—940 (1973).

Zimmerman, E. A., R. Defendi, H. W. Sokol, and A. G. Robinson: The distribution of neurophysin-secreting pathways in the mammalian brain: Light microscopic studies using the immunoperoxidase technique. In: Walter, R. (Ed.): Neurophysins: Carriers of peptide hormones. Ann. N. Y. Acad. Sci. **248**, 92—111 (1975).

Hans Unger

Funktionelle Aspekte der Informationsübermittlung durch die Oligopeptide Vasopressin und Oxytocin bei Säugetieren

1. Einleitung

1.1. Strukturverwandtschaft von Oxytocin und Vasopressin

Oxytocin und Vasopressin sind chemisch sehr nahe verwandte Verbindungen. Sie bestehen beide aus 9 Aminosäuren, wenn man die in Position 1 und 6 stehenden Anteile als Cysteinreste betrachtet und unterscheiden sich nur in den Positionen 3 und 8 (Abb. 1). Das lediglich bei den schweineartigen Säugetieren vorkommende Lysin-8-Vasopressin ist demnach ein 3-Phenylalanin-8-Lysin-Oxytocin, und das bei allen anderen Säugern anzutreffende Arginin-8-Vasopressin wäre auch als 3-Pheynlalanin-8-Arginin-Oxytocin anzusprechen.

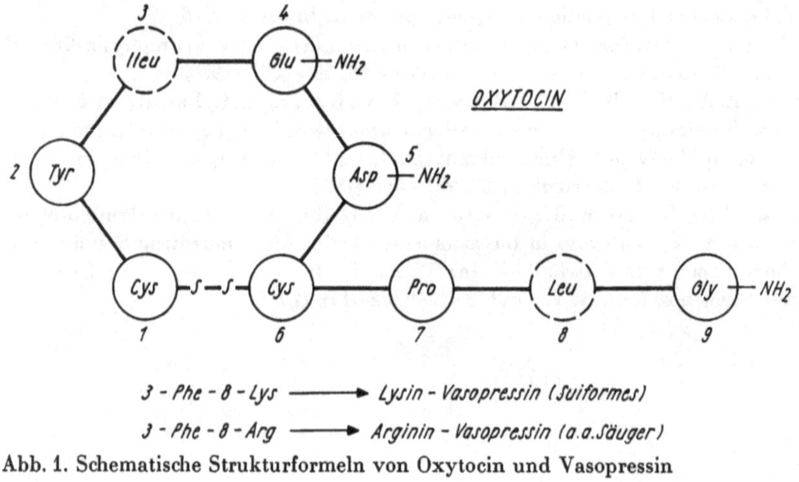

Abb. 1. Schematische Strukturformeln von Oxytocin und Vasopressin

1.2. Die „klassischen" Wirkungen von Vasopressin und Oxytocin

Eine auf Grund der engen chemischen Verwandtschaft zu erwartende Wirkungsübereinstimmung existiert nur in Spuren, etwa in einem Verhältnis von 1 : 100, d. h. Vasopressin hat oxytocische und Oxytocin hat vasopressinartige Wirkungen in diesem Verhältnis. In den klassischen Wirkungen unterscheiden sie sich drastisch.

Die Hauptwirkung des Vasopressins liegt in seiner Fähigkeit, durch Steigerung der Wasserpermeabilität in den distalen Tubulusabschnitten und Harnsammelkanälchen der Niere die fakultative Wasserabsorption zu ermöglichen. Dadurch werden beim Menschen täglich 25—30 l Wasser retiniert. Fehlt das Vasopressin, kommt es zum Diabetes insipidus mit einem täglichen Harnfluß in dieser Größenordnung. Das Vasopressin wird daher zu Recht als antidiuretisches Hormon (ADH) oder Adiuretin bezeichnet. Es vollbringt diese Leistungen in den sehr geringen Konzentrationen von 1—20 µE/ml Blut = 1,0—20 pg/ml = $1—20 \times 10^{-12}$ g/ml = $1—20 \times 10^{-12}$ m M. Erst in weitaus höheren Konzentrationen (> 100 µE/ml) zeigt es den vasopressorischen Effekt, nach dem es benannt ist. Solche Konzentrationen werden nur bei Blutverlusten beobachtet, die zu einer Verringerung des extrazellulären Flüssigkeitsvolumens und zu einem Abfall des mittleren arteriellen Druckes führen. Die bei größeren Blutverlusten drohende Gefahr des totalen Kreislaufversagens kann dann durch den vasopressorischen Effekt des Vasopressins für eine gewisse Zeit abgewehrt werden, denn er bewirkt eine Entleerung der kapazitiven Kleingefäße in der Peripherie zugunsten des zentralen Kreislaufes.

Die Hauptwirkung des Oxytocins resultiert aus seiner Fähigkeit, glatte Muskulatur zur Kontraktion zu bringen. Als seine spezifischste Wirkung muß man heute das Auspressen der Milch aus der laktationsbereiten Milchdrüse betrachten. Selbst eine prallgefüllte Drüse gibt bei Fehlen von Oxytocin keine Milch ab. Das erfolgt aber nach reflektorischer Ausschüttung von Oxytocin vor allem durch den Saugreiz, aber auch durch Vaginaldilatation. Obwohl auch heute noch das Oxytocin in der Hand des Gynäkologen das Mittel der Wahl zur Einleitung und Steuerung der Geburt ist und mit dem Durchtritt des Kopfes durch den Muttermund die höchsten Oxytocinmengen im Blute feststellbar sind, zweifeln manche Autoren an einer primären Beteiligung des Oxytocins, weil auch völlig normale Geburtsabläufe bei Fehlen von Oxytocin beobachtet worden sind.

1.3. Über den Wirkungsmechanismus von Vasopressin und Oxytocin

Das Vasopressin gehört zu den Wirkstoffen, die die Adenylcyclase aktivieren, wodurch die Bildung des „second messenger“ 3′,5′-AMP aus ATP induziert wird. Das 3′,5′-AMP seinerseits aktiviert Enzyme oder Enzymsysteme oder/und Transportsysteme und führt auf diesen Wegen zu den leicht erkennbaren Endeffekten (Abb. 2). Im einzelnen ist dabei durchaus noch nicht endgültig geklärt, ob die Steigerung der Wasserpermeabilität in den distalen Tubulusabschnitten selektiv ist oder ob der Wasserrückstrom passiv einem aktiven Na-Rücktransport folgt, wie es unter Vasopressineinwirkung an der Krötenharnblase in vitro der Fall ist. Ungeklärt ist auch noch, ob das 3′,5′-AMP die Permeabilitätssteigerung durch Aktivierung der Hyaluronidase erreicht oder andere Systeme einschaltet.

Über den Wirkungsmechanismus des Oxytocins ist noch nichts Sicheres bekannt. Man nimmt aber an, daß es ebenfalls über das 3',5'-AMP als „second messenger" wirksam wird.

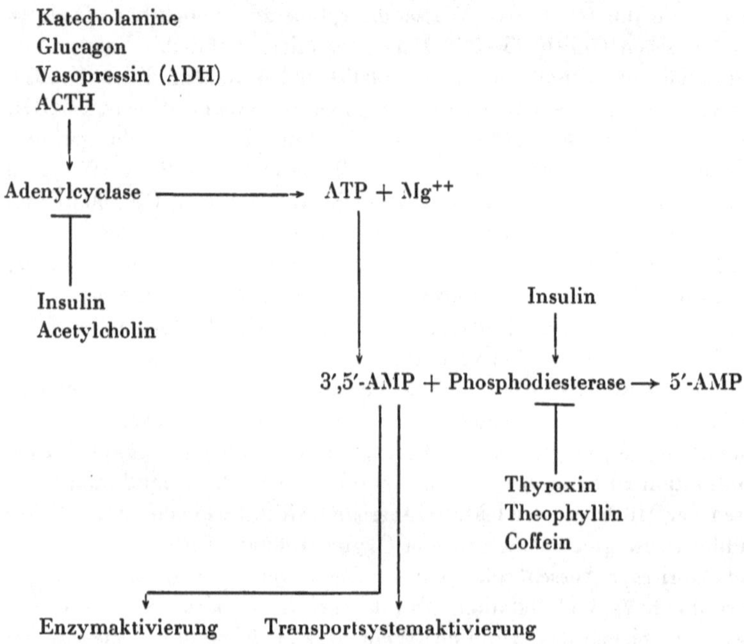

Abb. 2. Wirkungsmechanismus des Vasopressins

2. *Modulation neuronal und nerval bedingter Prozesse durch Oxytocin und Vasopressin*

2.1. *Erste Hinweise*

Die ersten Hinweise für eine intracerebrale Wirkung von Vasopressin lieferten Heller und Kusunoki (1933). Sie fanden bei wachen Hunden nach intracisternaler Gabe von 3—12 IE Pitressin einen Blutdruckanstieg von 60 Torr; bei narkotisierten Tieren betrug er 19 Torr. Die Ursache für den beobachteten Effekt wird in einem direkten Angriff der applizierten Substanz am Vasomotorenzentrum in der Medulla oblongata gesehen. Erst etwa 30 Jahre später berichteten Faure et al. (1959/60) von Desynchronisationen im EEG von Kaninchen nach i. p.-Applikation von Oxytocin und von Synchronisationseffekten nach Gabe von Vasopressin, beide Substanzen in Dosen von 3—10 IE/Tier.

Außerordentlich interessante Befunde von Versuchen an wachen Ratten mit chronisch implantierten Ableitelektroden im Gehirn legten Schäker et al. (1966)

vor. Sie registrierten nach Reizung der Tiere mit Lichtblitzen eine Zunahme der Anzahl der photischen Nachentladungen im visuellen Cortex, eine Vergrößerung der Amplitude einer Schreckreaktion (Startle-Reaction) nach akustischen Reizen, Desynchronisationseffekte im EEG und eine Steigerung der motorischen Reaktionsbereitschaft nach i. m.-Gabe von 3—9 IE Oxytocin pro Ratte.

Der Funktionszustand des Gehirns und die Aktivität des adrenosympathischen Systems scheinen vom Vasopressin beeinflußt zu werden. Benetato et al. (1965/66) fanden, daß eine experimentelle Aktivierung der Formatio reticularis eines Hundes auf dem Blutwege auf ein anderes Tier übertragen und im EEG erfaßt werden kann. Der Effekt unterbleibt bei hypophysektomierten Tieren, tritt aber nach Injektion von 3 IE Vasopressin in das Perfusionsblut wieder auf, und außerdem kommt es zu einem Anstieg der Noradrenalinkonzentration im Blut.

Einen Einfluß des Vasopressins auf die Nervenimpulsaktivität von Ratten haben Schwarzberg und Unger (1966) beobachtet. Sie steigt im N. laryngicus im Durstzustand ganz erheblich an, läßt sich aber bei Normaltieren nach i. v.-Gabe von Vasopressin ebenfalls erreichen, wenn der Vasopressintiter im Blut dadurch auf eine Höhe gebracht wird, wie er bei Dursttieren vorliegt.

Und schließlich berichten de Wied (1965) und Bohus und de Wied (1966) von einer Hemmung der Extinktion einer bedingtreflektorischen Meidereaktion von Ratten nach Gabe einer großen Vasopressindosis.

2.2. *Oxytocin- und Vasopressingehalt im Blut und in der Cerebrospinalflüssigkeit (CSF) unter physiologischen und pathologischen Bedingungen*

Obwohl in den vorgenannten Untersuchungen Substanzmengen benutzt wurden, die weit über der physiologischen Norm liegen, ist auch unter normalen Bedingungen eine Beeinflussung der Funktionsweise des Zentralnervensystems und der von ihm gesteuerten Prozesse zu vermuten. Endgültiges darüber läßt sich aber erst nach Aufklärung der morphologischen Zusammenhänge zwischen den Produktionsorten und den möglichen Angriffsstellen sowie nach Vorliegen experimenteller Ergebnisse unter physiologischen Bedingungen sagen. Entsprechende Experimente waren erst durchführbar, nachdem Existenz und Menge der Substanzen unter normalen und abweichenden Umständen in den Trägerflüssigkeiten Blut und CSF bekannt waren.

Bis auf wenige Ausnahmen, in denen man radioimmunologische Nachweisverfahren benutzte, sind alle bisher vorgelegten Befunde über Oxytocin und Vasopressin in Körperflüssigkeiten mit Hilfe biologischer Nachweismethoden erhoben worden. Das bedeutet aber, daß man genaugenommen, das Oxytocin betreffend, nur von oxytocischen Aktivitäten und das Vasopressin betreffend, entsprechend der zu seinem Nachweis verwendeten Methode, nur von antidiuretischen Aktivitäten sprechen dürfte. Das trifft in besonderer Weise für Oxytocinmengen im Blute zu, da hier ohne vorausgegangene Aufarbeitung der Flüssigkeit zur selektiven

Extraktion der zu bestimmenden Substanz außerordentlich große Fehlermöglichkeiten existieren. Derartig suspekte Werte werden im folgenden deshalb nicht berücksichtigt.

Im Blute des Menschen schwankt die Vasopressinkonzentration zwischen 1,0 μE/ml bei normaler Hydrierung und 10—20 μE/ml nach 24stündigem Wasserentzug. Der Oxytocingehalt ist in beiden Geschlechtern gleich groß und wird für den Normalzustand nach Bestimmung mit Radioimmunoassays mit weniger als 1,0 μE/ml angegeben. In der Schwangerschaft steigt er an und erreicht unter der Geburt Höchstwerte. Normalwerte für den Liquor cerebrospinalis sind bisher nicht bekannt. Pathologische Liquores zeigen stark voneinander abweichende Werte (Abb. 3). Auffallend sind die geringen Mengen bei Krankheiten, die die Aktivität des Gehirns stark vermindern und die Höchstwerte bei Hyperaktivität des Gehirns. Die daraus ableitbare Vermutung, das Oxytocin könnte mit der Genese epileptischer Zustände im Zusammenhang stehen, erwies sich als irrig. Vielmehr zeigte sich, daß bei dem durch Einbringen von Na-Glutamat in das Hirnventrikelsystem auslösbaren gleichartigen Geschehen der Oxytocingehalt in der CSF ansteigt. Das deutet darauf hin, daß der Oxytocinanstieg im Gefolge des epileptoiden Geschehens wahrscheinlich Ausdruck eines gegenregulatorischen Prozesses ist.

Krankheit	Zahl der Einzelwerte	μE/ml
Hirnatrophie	24	33
frühkindlicher Hirnschaden	14	32
Meningitis	19	168
Ischiassyndrom	21	175
Multiple Sklerose	17	106
behandeltes Krampfleiden	40	177
unmittelbar nach Krampfanfall	7	1200

Abb. 3. Der Oxytocingehalt im Liquor cerebrospinalis des Menschen bei verschiedenen Krankheiten des Nervensystems

Befunde an Kaninchen zeigen, daß der Gehalt des Blutes an Oxytocin und Vasopressin nicht mit dem in der CSF übereinstimmt. Außerdem finden sich erhebliche Unterschiede in Abhängigkeit vom physiologischen Zustand der Tiere (Abb. 4). Dabei spricht die Tatsache, daß der Vasopressingehalt im Blut nach Elektroschockbehandlung auf ein Viertel bzw. auf die Hälfte absinkt, während er in der CSF auf das Doppelte ansteigt, gegen die Vorstellung, der Liquorgehalt komme durch einen Einstrom der Substanzen aus dem Blut zustande. Er kann vielmehr nur durch einen separaten Einstrom auf speziellen Bahnen aus dem hypothalamischen Bereich, durch Hydrencephalokrinie, erklärt werden. Auffällig ist, daß sich der Oxytocingehalt in der CSF nach Elektroschockbehandlung der Tiere umgekehrt verhält wie das Vasopressin. Der Oxytocingehalt im Blute

Tierstatus		Vasopressin (μE/ml)		Oxytocin (μE/ml)	
		Blut	CSF	CSF	
narkotisiert	unbehandelt I	17,0	5,0	100,0	Mai—Aug.
narkotisiert	unbehandelt II	5,2	2,7	—	
narkotisiert nach Elektroschock I		4,0	10,0	45,0	
narkotisiert nach Elektroschock II		2,4	5,1	—	
narkotisiert	unbehandelt	—	9,0	340,0	Jahres-⌀
wach	unbehandelt III	—	5,0	100,0	

Abb. 4. Der Vasopressin- und Oxytocingehalt im Blut und in der CSF von Kaninchen unter verschiedenen Bedingungen

(Ziegen) und in der CSF (Kaninchen) schwankt im Verlaufe eines Jahres ganz erheblich (Abb. 5). Die Ursachen dafür sind nicht bekannt. Zusammenhänge mit dem Fortpflanzungsgeschehen und der saisonell unterschiedlichen Nahrungsaufnahme sind nur zu vermuten.

Ob und in welchem Ausmaß Vasopressin und Oxytocin von der CSF aus auf die Funktionsweise des Gehirns einwirken könnten, hängt von den Transportmöglichkeiten durch die CSF bis in die Nähe der Angriffsorte und von der Verweildauer bzw. der Halbwertszeit der Substanzen in der CSF ab. Nach unseren Er-

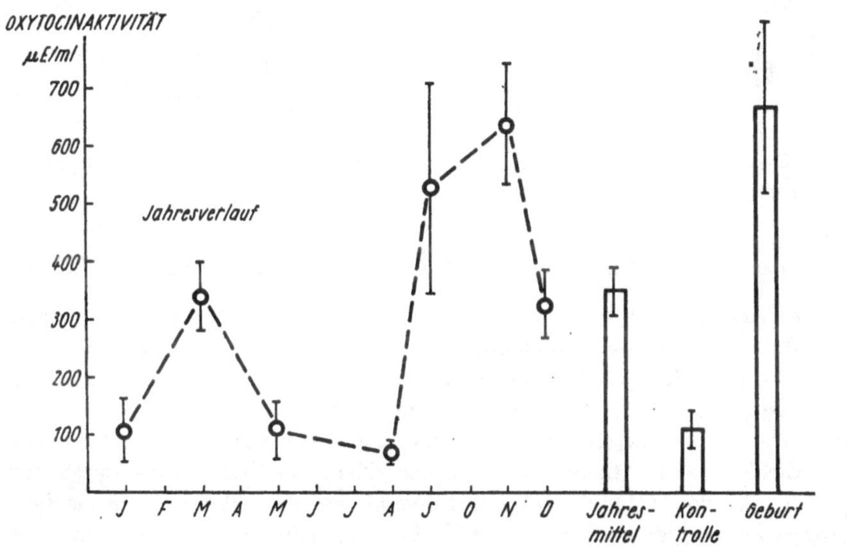

Abb. 5. Der Oxytocingehalt in der CSF unbehandelter Kaninchen im Jahresverlauf, im Jahresmittel und unter der Geburt

gebnissen sinkt der durch intraventrikuläre Applikation von Oxytocin erreichte Gehalt in der CSF von 1700 μE/ml auf 500 μE/ml im Verlaufe von 60 min, und die Vasopressinmenge vermindert sich nach gleichartiger Applikation im gleichen Zeitraum von 21 μE/ml auf 12 μE/ml. Aus dem Kurvenverlauf der Meßpunkte ist auf eine Halbwertszeit von 60 min für Vasopressin und 45 min für Oxytocin zu schließen (Abb. 6). Im Vergleich zu den Halbwertszeiten beider Substanzen im Blute, die mit etwa 2 min angegeben werden, ist das ein bedeutsamer Unterschied, der im Zusammenhang mit der nachgewiesenen Liquorströmung nicht nur eine Einflußnahme auf die periventrikulär gelegenen Neuronenkomplexe, sondern auch auf kortikale möglich erscheinen läßt.

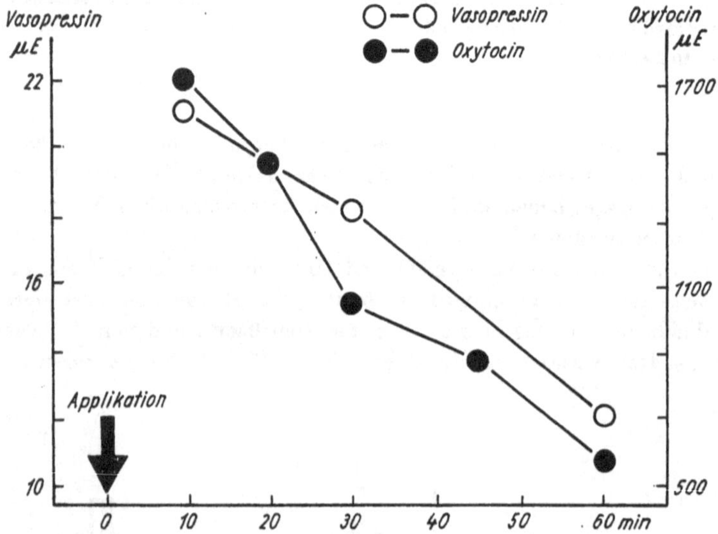

Abb. 6. Verweildauer und Halbwertszeit von intraventrikulär appliziertem Oxytocin und Vasopressin in der CSF von Kaninchen

2.3. *Änderungen der Reaktionszeit unter Oxytocin- und Vasopressineinfluß*

Unter Reaktionszeit wird im folgenden die Zeitspanne zwischen dem Setzen eines Reizes und seiner Beseitigung durch das Tier verstanden. Ratten lernen leicht, ein lautes Klingelsignal durch Betätigen eines Hebels abzuschalten. Die in der Reaktionszeit enthaltenen Prozesse sind zentral- und periphernervöser sowie motorischer Natur. Oxytocin verkürzt und Vasopressin verlängert die Reaktionszeit (Abb. 7). Der reaktionszeitverlängernde Effekt des Vasopressins kann durch Oxytocin ausgelöscht und der reaktionszeitverkürzende Effekt des Oxytocins durch Vasopressin beseitigt werden (Abb. 8, 9). Bei Tieren im Durstzustand, bei denen der Vasopressinspiegel im Blute auf das Vierfache angestiegen ist, beobachtet man eine Vergrößerung der Reaktionszeit.

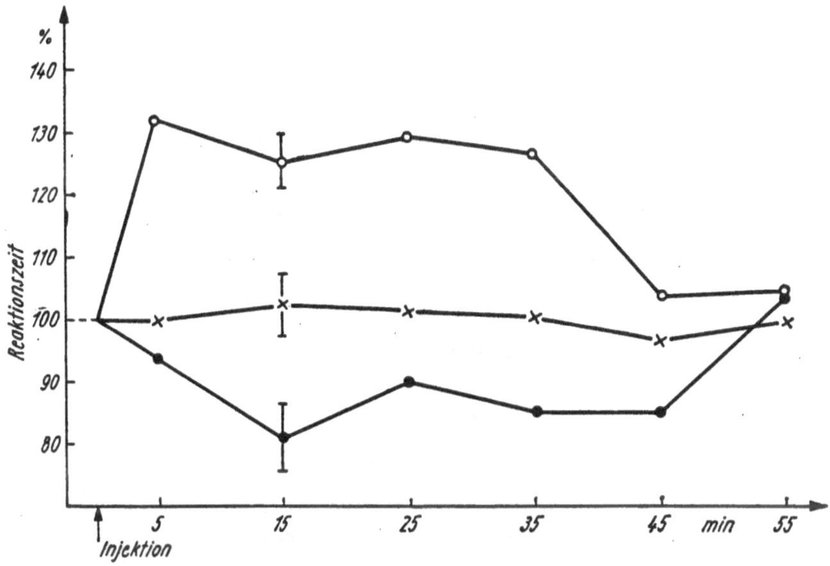

Abb. 7. Veränderung der Reaktionszeit von Ratten nach i. m.-Injektion von Vasopressin und Oxytocin

.... Ausgangslage
× ——— × Kontrolle mit Ringerlösung
○ ——— ○ 350 mE/kg Lysin-Vasopressin
● ——— ● 350 mE/kg Oxytocin

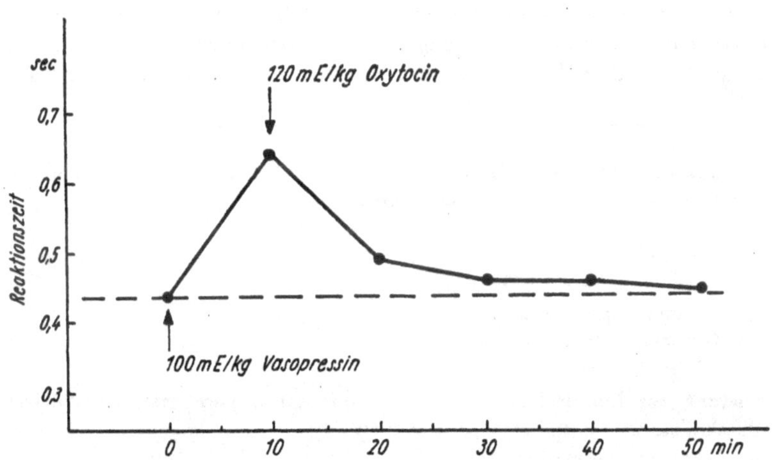

Abb. 8. Der Einfluß von i. m.-appliziertem Oxytocin auf den Vasopressineffekt

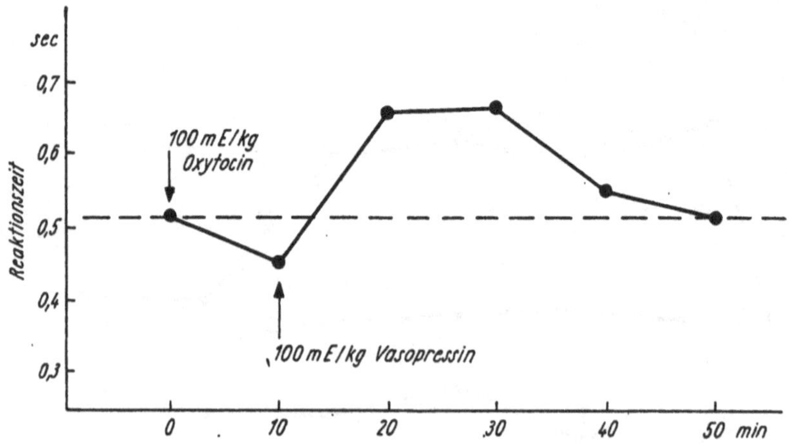

Abb. 9. Der Einfluß von i. m.-appliziertem Vasopressin auf den Oxytocineffekt

2.4. *Änderungen der Impulsaktivität von Nerven und Neuronen unter Oxytocin- und Vasopressineinfluß*

Die Beeinflußbarkeit neuronaler und nervaler Prozesse durch Vasopressin und Oxytocin wird am augenfälligsten durch Ableiten der Impulsaktivität von Nerven oder aus Neuronenpopulationen des Gehirnes. Die Impulsaktivität des N. laryngicus durstender Ratten ist erheblich höher als bei Normaltieren. Dieser „Dursteffekt" wird auch in Normaltieren durch i. v.-Gabe von Vasopressin erreicht. Oxytocin vermindert die Aktivität in diesem Nerven. Das Ausmaß des Oxytocinerfolges ist bei kleineren Konzentrationen größer als bei großen (Abb. 10). Aber auch die Impulsaktivität der neurosekretorischen Kernbezirke des Hypothalamus, des Nc. paraventricularis und des Nc. supraopticus, wird durch Vasopressin und Oxytocin in gegensätzlicher Weise verändert. Nach intracerebroventrikulärer Gabe

---

Abb. 10. Änderung der Impulsaktivität im Nervus laryngicus der Ratte nach i. m.-Injektion von Vasopressin, Oxytocin und Ringer-Lösung

.... Ausgangslage
× ——— × Kontrolle
△ ——— △ Lysin-Vasopressin 300 mE/kg
○ ——— ○ Lysin-Vasopressin 200 mE/kg
● ——— ● Oxytocin 250 mE/kg

Abb. 11. Änderung der Impulsaktivität des Nc. supraopticus nach intraventrikulärer Gabe von 100 μE Vasopressin und 3000 μE Oxytocin

△ ——— △ Kontrolle mit synthetischer CSF
Δt Zeitdifferenz zwischen den Wirkungsmaxima

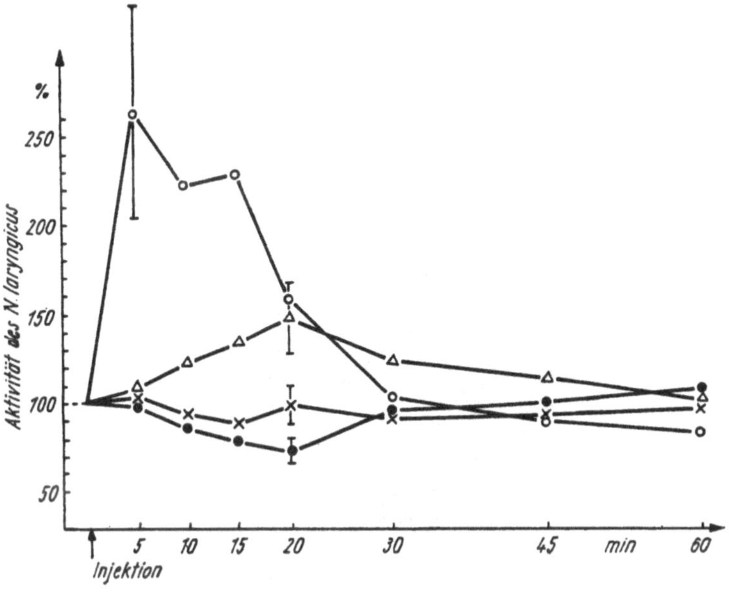
%
250
200
150
100
50
Aktivität des N. laryngicus
5
10
15
20
30
45
min
60
Injektion

Abb. 10

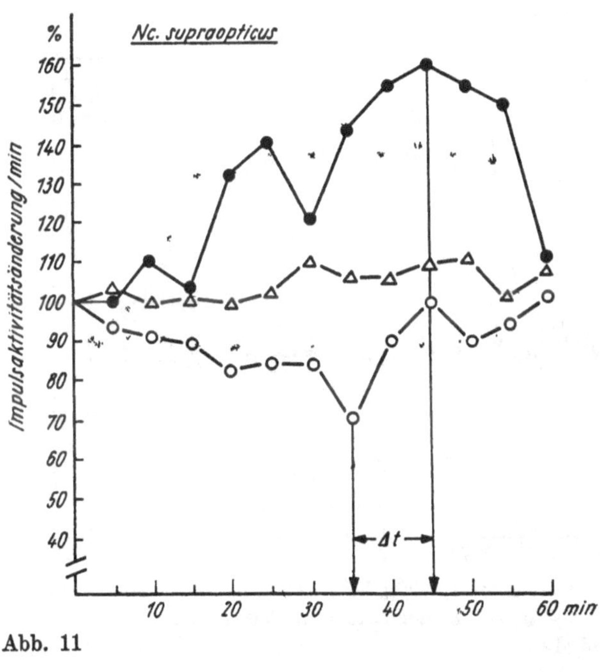
%
Nc. supraopticus
160
150
140
130
120
110
100
90
80
70
60
50
40
Impulsaktivitätsänderung/min
Δt
10
20
30
40
50
60 min

Abb. 11

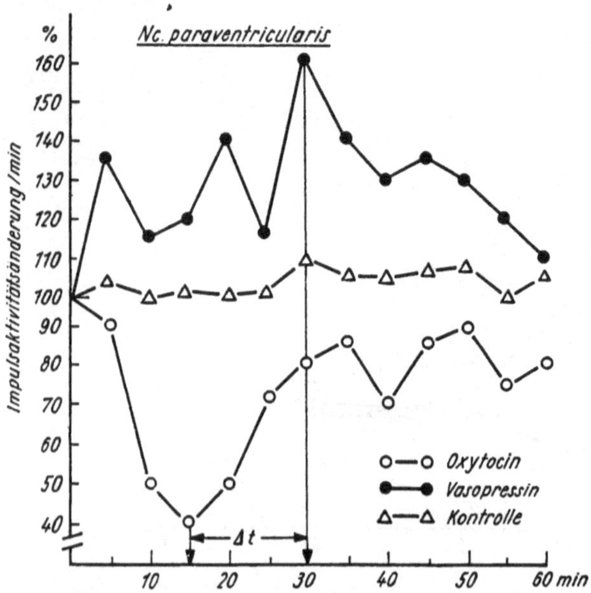

Abb. 12. Änderung der Impulsaktivität des Nc. paraventricularis nach intraventrikulärer Gabe von 100 μE Vasopressin und 3000 μE Oxytocin

△ ——— △ Kontrolle mit synthetischer CSF

Δt Zeitdifferenz der Wirkungsmaxima

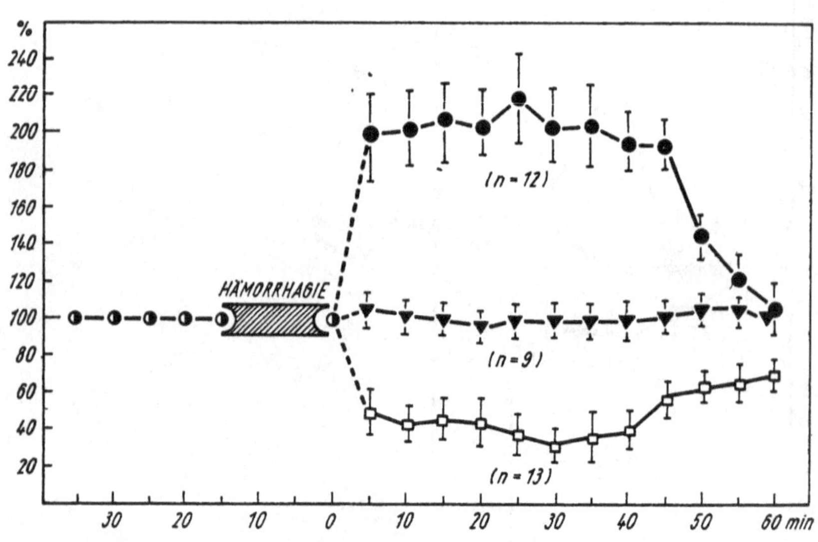

Abb. 13. Einfluß eines Blutverlustes von 10—20% bei Kaninchen auf die Impulsaktivität der Neuronen des supraopticus ● —— ● der Area hypothalamica lateralis ▾ —— ▾ und der Area praeoptica medialis

der Substanzen steigt sie unter Vasopressin an und nimmt unter Oxytocin ab. Dabei reagiert der ventrikelnäher gelegene Nc. paraventricularis früher als der entfernter liegende Nc. supraopticus. Diese Tatsache zusammen mit der Feststellung, daß das Wirkungsmaximum am Nc. paraventricularis erst nach 15 min und am Nc. supraopticus erst nach 30 min erreicht wird, scheint für eine durch Diffusion zustande gekommene direkte Wirkung der Substanzen zu sprechen (Abb. 11, 12).

Ein weiterer unmittelbarer Zusammenhang zwischen dem Funktionszustand neurosekretorischer Neurone und einem speziellen physiologischen Geschehen liegt in der Änderung des Vasopressingehaltes in der CSF und der Impulsaktivität der Neuronen des Nc. supraopticus bei Blutverlust vor. Vasopressin wird bei Hämorrhagie ins Blut ausgeschüttet, um über eine Wasserretention in den Nieren das intravasale Volumen zu erhöhen. Die Vasopressinsekretion und seine Freisetzung sind mit einer Erhöhung der Impulsaktivität im Nc. supraopticus verbunden. Während Vorherr et al. (1968) dabei auch eine Zunahme des Vasopressingehaltes in der CSF feststellen konnten, gelang Schulz et al. (1974) der Nachweis, daß dem Anstieg des Vasopressintiters in der CSF bei Hämorrhagie auch eine Steigerung der Impulsaktivität des Nc. supraopticus parallel geht

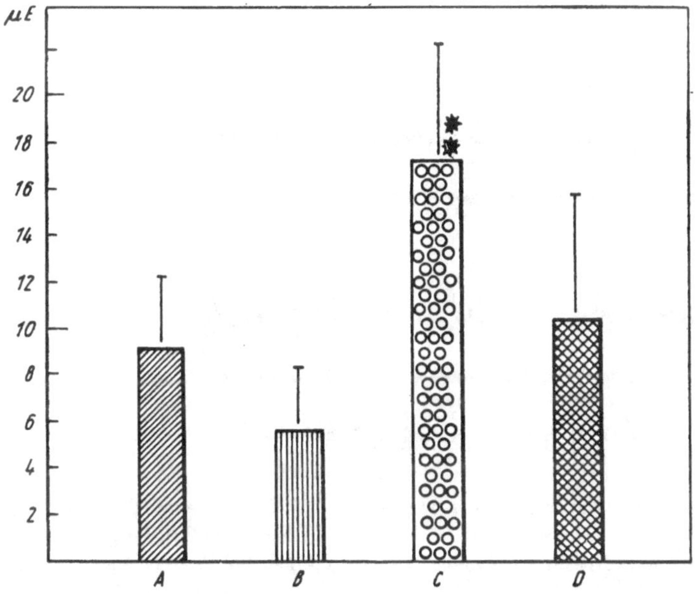

Abb. 14. Der Vasopressingehalt in der CSF von Kaninchen
A = wache Tiere
B = narkotisierte Tiere
C = 15 min Hämorrhagie
D = nach Scheinoperation

(Abb. 13, 14). Die Aktivität der Neuronen der Area praeoptica medialis wird dabei vermindert, die der Area hypothalamica lateralis bleibt unbeeinflußt.

Veränderungen im EEG sind Ausdruck von Aktivitätsänderungen im Gehirn. Durch intraventrikuläre Injektionen von Na-Glutamat wird das Gehirn hyperaktiviert, und das EEG zeigt einen Verlauf, wie er für epileptisches Geschehen typisch ist. Gleichartig verabreichtes Oxytocin normalisiert das Hirnstrombild, hat also einen synchronisierenden Effekt.

Der Einfluß des endogenen Oxytocinspiegels auf die im EEG erfaßbare Hirnaktivität wird am deutlichsten bei einem Vergleich der Ableitungen von weiblichen Kaninchen vor und während der Trächtigkeit und unter der Geburt. Während das Hirnstrombild vor dem Gebären unauffällig ist, verändert es sich unter und unmittelbar nach der Geburt in auffälliger Weise. Es ähnelt dem eines völlig entspannten, einschlafenden Menschen (Abb. 15).

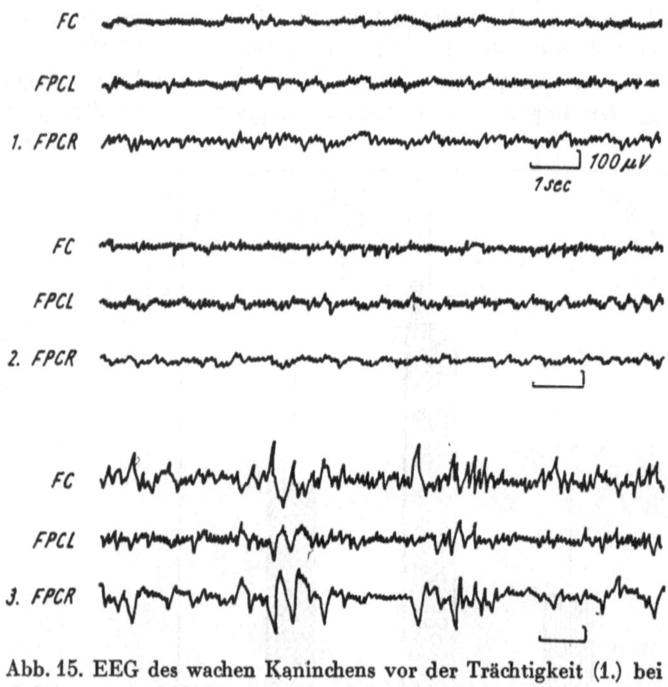

Abb. 15. EEG des wachen Kaninchens vor der Trächtigkeit (1.) bei einer CSF-Oxytocinaktivität von < 60 µE/ml, während der Trächtigkeit (2.) bei einer CSF-Oxytocinaktivität von < 60 µE/ml und 15 min nach dem Gebären (3.) bei der CSF-Oxytocinaktivität von 1200 µE/ml

Obwohl Aussagen vom Tier auf den Menschen nicht ohne weiteres übertragbar sind, drängt sich in diesem Falle die Vermutung auf, daß dieser Synchronisationseffekt unter der Geburt Ausdruck einer hormonal bedingten Sedierung sein könnte.

2.5. *Der Einfluß von Oxytocin und Vasopressin auf Lernen und Gedächtnis*

Vasopressin und verschiedene seiner Analoga beeinflussen Lernen und Gedächtnis in eindrucksvoller Weise. Vor allem die Hemmung des Vergessens einer erlernten bedingt-reflektorischen Meidereaktion ist augenfällig. Dabei imponiert die Wirkung des Desglycinamid-Lysin-Vasopressins in besonderer Weise, weil diese Substanz keine antidiuretischen und auch keine vasopressorischen Wirkungen mehr besitzt und damit einen pharmakologisch praktisch-bedeutsamen Aspekt aufzeigt (Abb. 16).

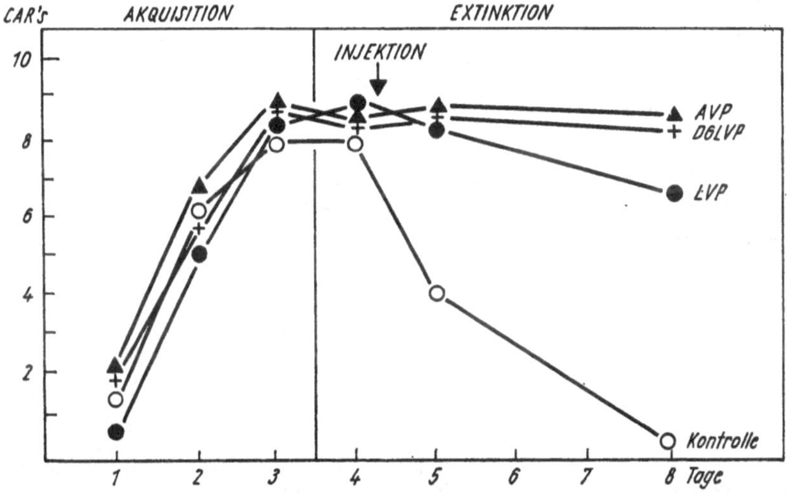

Abb. 16. Der Einfluß einer einmaligen Applikation verschiedener Vasopressinanaloga auf die Extinktion einer bedingten aktiven Meidereaktion (CAR) von Ratten
AVP = Arginin-Vasopressin
LVP = Lysin-Vasopressin
DGLVP = Desglycinamid-Lysin-Vasopressin
(verändert nach de Wied, Bohus und van Wimersma-Greidanus 1974)

Auch bei Anwendung physiologischer Dosen ist der behaltensfördernde Effekt des Vasopressins bei einer aktiven Meidereaktion (Plattform-Sprungtest) deutlich, während Oxytocin keine Wirkung zu haben scheint (Abb. 17, 18). Aber auch bei passiven Meidereaktionen, bei denen das Tier, das einen abgedunkelten Raum bevorzugt, diesen meidet, weil der Aufenthalt im dunklen Raum mit einem schmerzhaften elektrischen Reiz über den metallischen Fußboden bestraft wird, ist Vasopressin signifikant wirksam. Oxytocin zeigt eine gegensätzliche Tendenz (Abb. 19, 20). Die gegensätzliche Wirkung des Oxytocins wird signifikant, wenn aktive Meidereaktionen im Durstzustand erlernt werden, bei erhöhtem endo-

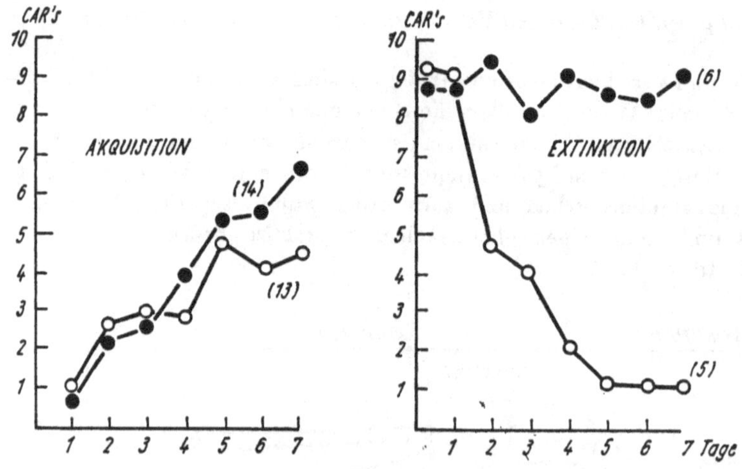

Abb. 17. Der Einfluß von Lysin-Vasopressin auf das Erlernen (Akquisition) und das Vergessen (Extinktion) einer bedingten aktiven Meidereaktion (CAR) bei Ratten

● ——— ● Lysin-Vasopressin

○ ——— ○ Kontrolle

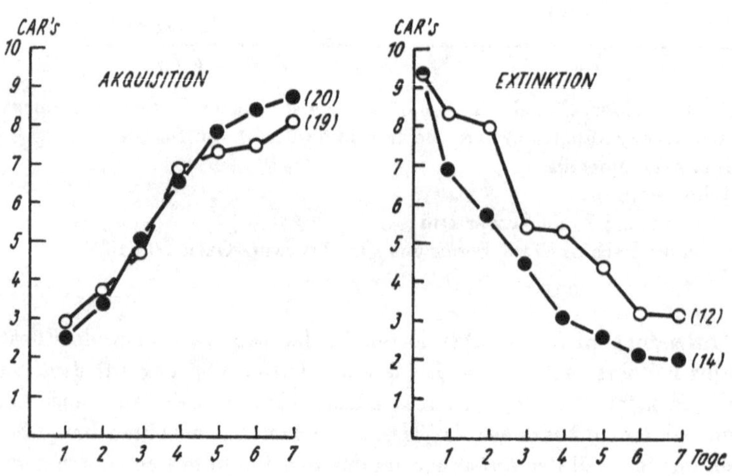

Abb. 18. Der Einfluß von Oxytocin auf Akquisition und Extinktion einer bedingten aktiven Meidereaktion (CAR) bei Ratten

● ——— ● Oxytocin

○ ——— ○ Kontrolle

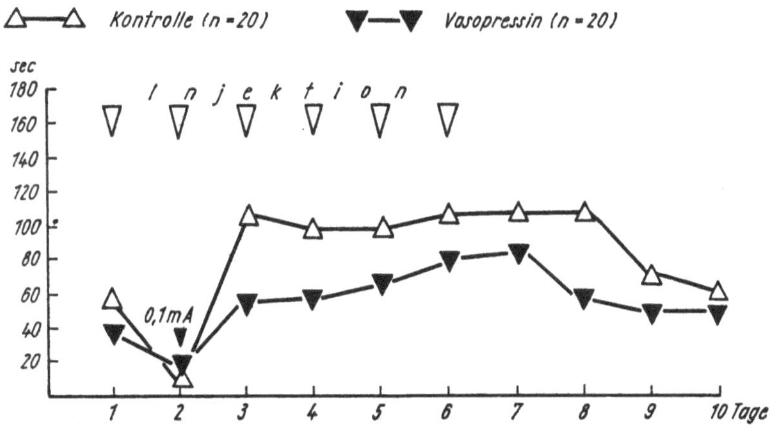

Abb. 19. Der Einfluß von Vasopressin auf eine passive Meidereaktion von Ratten

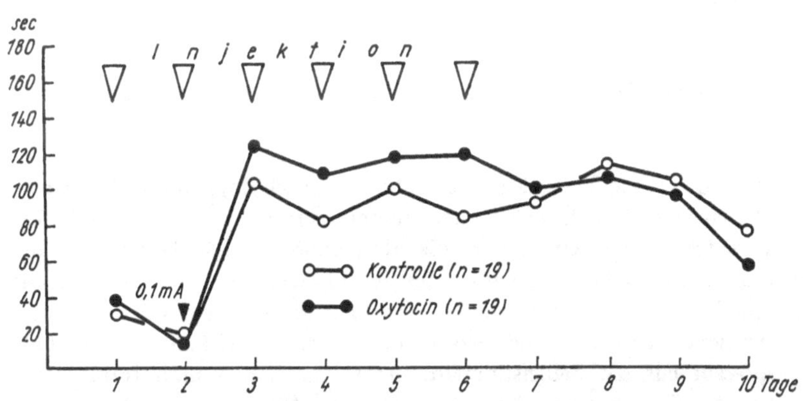

Abb. 20. Der Einfluß von Oxytocin auf eine passive Meidereaktion von Ratten

genem Vasopressintiter also, und in der Extinktionsphase Oxytocin, Wasser oder Trägerflüssigkeit des Oxytocins injiziert werden. Nur nach Oxytocingabe wird das Vergessen beschleunigt (Abb. 21).

Ob der gedächtnisaktivierende Effekt des Vasopressins auch unter normalen physiologischen Bedingungen existiert, muß bezweifelt werden, denn zumindest bei Erwachsenen überwiegt der normalhydrierte bzw. sogar der überhydrierte Zustand. Der für die notwendige Erhöhung des Vasopressintiters zu fordernde leichte Durstzustand oder Streßsituationen mit dem gleichen Effekt sind unter Normalbedingungen wohl zu selten.

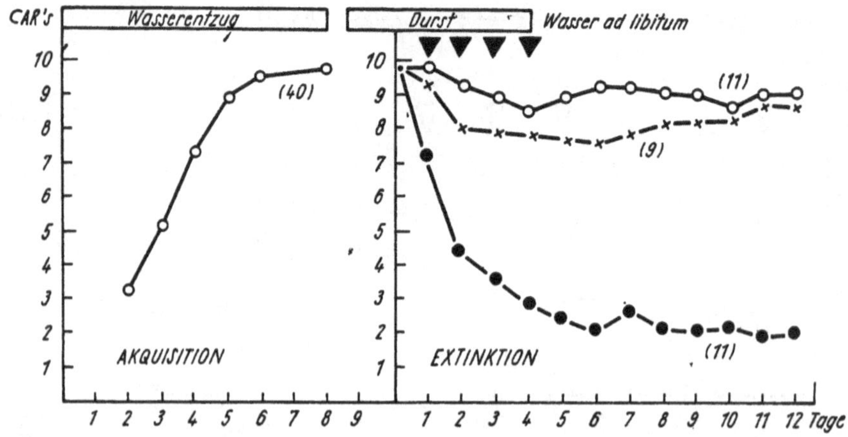

Abb. 21. Der Einfluß von Oxytocin (●—●), Trägerflüssigkeit des Oxytocins (×—×) und Ringer-Lösung (○—○) auf die Extinktion einer unter Wasserentzug erlernten bedingten, aktiven Meidcreaktion.
▼ ▼ ▼ I. m.-Gabe der Flüssigkeiten

2.6. *Der Einfluß von Oxytocin und Vasopressin auf die Selbststimulation bei Ratten*

Versuche, in denen ein Versuchstier sich über chronisch implantierte Elektroden durch Betätigen eines Hebels selbst reizt, mitunter bis zur völligen Erschöpfung, scheinen geeignet zu sein, etwas über die Motivation der Tätigkeit auszusagen, wenn man annimmt, daß eine Zunahme der Stimulationsrate Ausdruck einer lustbetonten Handlung ist und umgekehrt. Die Problematik der Motivationsforschung ist aber komplexer. Trotzdem sind erste Befunde über die Wirkung von Oxytocin und Vasopressin auf die Selbststimulationsrate von Ratten nach intracerebroventrikulärer Applikation zumindest sehr interessant. Oxytocin steigert und Vasopressin hemmt die Selbststimulationsrate (Abb. 22).

2.7. *Beziehungen zwischen Oxytocin und der Aktivität des gonadotropen Systems*

Auf den ersten Blick weniger bedeutsam für eine Einflußnahme des Oxytocins auf das Zentralnervensystem erscheinen die Befunde, wonach Oxytocininjektionen in Kaninchenböcke die Gonadotropinmenge im Blut signifikant erhöhen, während sie in der Adenohypophyse auf 20% des Normalen absinkt. Dieser Befund und die Beobachtung vom rasanten Ansteigen des Oxytocinspiegels im Blute während und im Gefolge des Orgasmus, bei Bullen unter Verwendung des Elektroejakulators nachgewiesen, deuten auf einen engen Zusammenhang zwischen den

Funktionen des Gonadotropinsystems, dem Oxytocin und dem ZNS, der bisher nur in den Anfängen bekannt ist. Es wird vermutet, das Oxytocin sei der indirekte Stimulator für eine Steigerung der Spermatogenese.

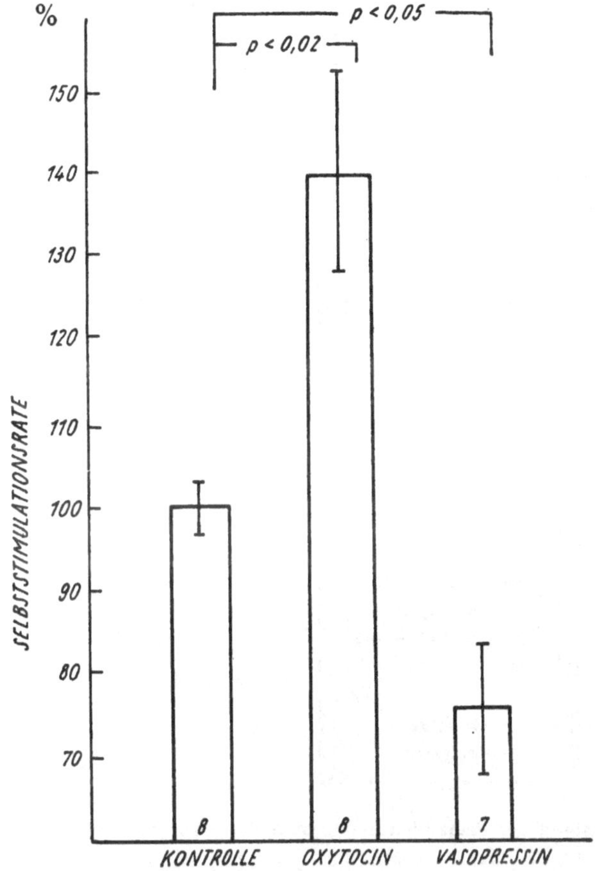

Abb. 22. Der Einfluß von intracerebroventrikulär appliziertem Vasopressin (50 μE in 5 μl) und Oxytocin (500 μE in 5 μl) auf die Selbststimulationsrate von Ratten

3. Problematik der Ergebnisse

Nach dem Dargestellten erhebt sich die Frage, ob alle aufgeführten Fakten lediglich eine Anhäufung von Zufällen darstellen, oder ob sie Bestandteile eines einheitlichen, wenn auch komplexen Prinzipes sind. Wenn das letztere angenommen wird, muß der Versuch unternommen werden, die aus den vorgelegten Fakten ableitbaren Konsequenzen mit dem bisher Bekannten zu vergleichen und in ein Funktionsschema einzuordnen, das zu weiteren Untersuchungen der sich andeutenden Zusammenhänge anregt.

3.1. Prinzipien der hormonalen und neurohormonalen Regulation

Neben dem klassischen hormonalen System existiert ein neurohormonales, bestehend aus den neurosekretorischen Bahnen vom Hypothalamus zur Neurohypophyse und zum III. Ventrikel, so daß neben den bekannten extracerebralen Wirkungen der klassischen Neurohormone Vasopressin und Oxytocin auch die intracerebralen durch Rückwirkung der Stoffe auf dem Blutwege und über die Cerebrospinalflüssigkeit erklärt werden können (Abb. 23).

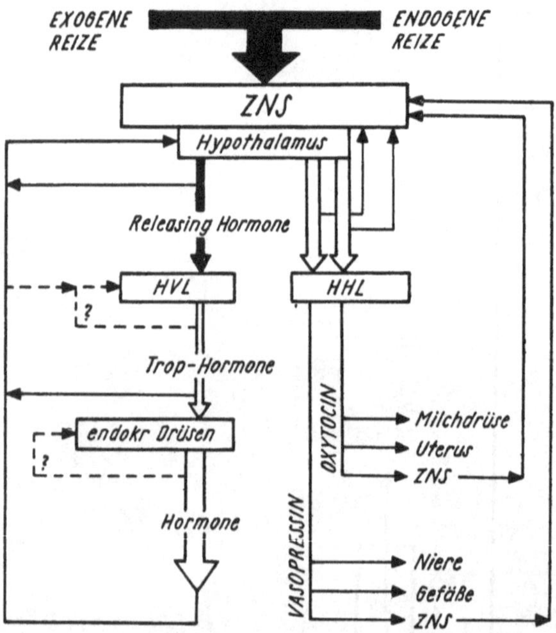

Abb. 23. Schematische Darstellung der Prinzipien der hormonalen und der neurohormonalen Regulation

3.2. Betrachtung der bisherigen Ergebnisse unter dem Aspekt hormonaler und humoraler Beziehungen zwischen dem neurosekretorischen hypothalamischen System, dem limbischen System und dem hormonalen System für eine Beeinflussung der Motivation

Unter Berücksichtigung der Befunde Sterbas, wonach neurosekretorische Bahnen aus dem Hypothalamus zu verschiedenen Regionen des limbischen Systems ziehen und dort „oxytocinerge" synaptische Verbindungen haben, und Ergebnissen elektrophysiologischer Untersuchungen, welche belegen, daß Areale des limbischen Systems auf die neurosekretorischen Kerngebiete des Hypothalamus konvergieren, so daß durch elektrische Reizung im limbischen System die Impulsaktivität der

Neuronen des neurosekretorischen Systems beeinflußt wird, ist zu fragen, welche funktionelle Bedeutung dieser Zusammenhang haben könnte. Es erscheint vorstellbar, daß die vom Cortex absteigenden Informationen, die im limbischen System ihren Motivationswert erhalten, durch Vergleich der augenblicklichen Situation mit den aus den Speichern abgerufenen Informationen noch einmal auf der hypothalamischen Ebene kontrolliert werden, indem es zu einem Vergleich der direkt von zentral hergeleiteten Informationen mit den vom limbischen System verarbeiteten kommt. Bei Ungleichheit der Informationsinhalte könnte über die neurosekretorischen Bahnen zum limbischen System eine tonische Verstellung erfolgen, die eine Dämpfung, wodurch die Motivation positiv oder negativ verändert wird, oder Aktivierung über mittlere Zeiten bewirkt, während die intracerebralen neurohormonalen Wirkungen im Vergleich dazu Langzeiteffekte auslösen könnten. Träfe das zu, müßten durch geeignete Applikation der in Frage stehenden Substanzen oder durch Maßnahmen ohne experimentellen Eingriff, die den Hormontiter in den Körperflüssigkeiten, insbesondere in der CSF, anheben, Motivationen gezielt beeinflußbar sein.

Dieses ohnehin komplizierte System ist als Teil in das Gesamtregulationssystem mit seinen neuroendokrinen Wechselwirkungen einbezogen. Die Möglichkeiten zu Wechselwirkungen zwischen dem Zentralnervensystem, dem Hormonsystem und

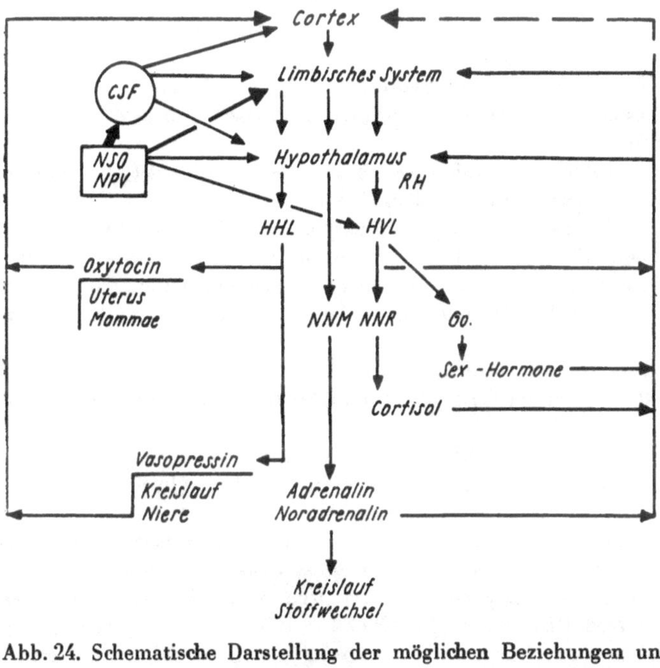

Abb. 24. Schematische Darstellung der möglichen Beziehungen und Wechselwirkungen zwischen dem hormonalen, dem neurosekretorisch-hormonalen, dem neurosekretorisch-humoralen, dem vegetativen und dem limbischen System (siehe Text)

dem neurohormonalen System ergeben sich aus der Ankopplung des Hormonsystems an das ZNS über die Releasing Hormone im Hypothalamus, der Möglichkeit des Vasopressins, die ACTH-Ausschüttung durch seine Corticotropin-Releasing-Hormonwirkung zu steigern und damit die Nebennierenrindensekretion zu aktivieren, der Möglichkeit, durch das Vasopressin die Ausschüttung von Adrenalin und Noradrenalin aus dem Nebennierenmark anzuregen und damit die vegetativen Funktionen zu beeinflussen, sowie über das Adrenalin wiederum die ACTH-Ausschüttung zu erhöhen und schließlich neben den geschilderten intracerebralen Wirkungen von Vasopressin und Oxytocin außerdem möglicherweise einen generellen Einfluß auf die Adenohypophysensekretion zu nehmen; denn sowohl im Portalblut als auch in der Adenohypophyse wurden hohe Konzentrationen von Vasopressin nachgewiesen. Die Abb. 24 versucht, die möglichen Zusammenhänge darzustellen.

Literatur

Benetato, G., E. Danieluc, V. Nestianu: On the role of the neuro- and adenohypophyseal hormones in the phenomenon of the reticulo-cortical activation. Rev. roum. Physiol. 2, 361–378 (1965).

Benetato, G., V. Miulescu, I. Muscalu: L'interaction de la vasopressine et du système sympathique médullosurrénal. Rev. roum. Physiol. 3, 97–107 (1966).

Benetato, G.: L'action des hormones neurohypophysaires sur le système nerveux central. Rev. roum. Physiol. 3, 201–214 (1966).

Bohus, B., and D. de Wied: Long Term and Short Term Effects on Retention of a Conditioned Avoidance Response in Rats with Long Acting Pitressin and α-MSH. Nature 217, 1484–1486 (1966).

Faure, J., P. Loiseau, C. Friconneau: Influence de l'oxytocine sur l'électroencéphalogramme du lapin. Revue neurol. 101, 302–308 (1959).

Faure, J., P. Loiseau, D. Vincent: Influence de l'hormone antidiurétique (A.D.H.) sur l'électroencéphalogramme du lapin éveille et libre. Revue neurol. 102, 333–338 (1960).

Heller, H., und G. Kusunoki: Die zentrale Blutdruckwirkung des neurohypophysären Kreislaufhormons (Vasopressin). Naunyn-Schmiedeberg's Arch. exp. path. Pharm. 173, 301–313 (1933).

Schäker, W., F. Klingberg, G. Sterba und L. Pickenhain: Der Einfluß von Oxytocin auf zentralnervöse Funktionen bei der Ratte im chronischen Experiment. Pflüger's Archiv ges. Physiol. 288, 322–331 (1966).

Schulz, H., G. Kovacs, and G. Telegdy: Effect of physiological doses of vasopressin and oxytocin on avoidance and exploratory behaviour in rats. Acta Physiol. Acad. Sci. Hung. 45, 3–4 (1974).

Schulz, H., H. Schwarzberg und H. Unger: Die Impulsaktivität hypothalamischer Neuronen von Kaninchen während Hämorrhagie. Ergebn. exp. Med. (im Druck).

Schwarzberg, H., und H. Unger: Der Einfluß des Durstens auf die Nervenaktivität der Ratte. Verh. Ges. exp. Med. DDR 14, 67–73 (1966).

Schwarzberg, H., H. Unger und H. Schulz: Die Wirkung von Oxytocin auf das durch Na-Glutamat veränderte EEG des Kaninchens. Acta biol. med. germ. 30, 203–208 (1973).

Schwarzberg, H., G. Hartmann, G. L. Kovacs, and G. Telegdy: The effect of intraventricular administration of oxytocin and vasopressin on self-stimulation in rats. Acta Physiol. Acad. Sci. Hung. (im Druck).

Unger, H.: Neue Aspekte zur funktionellen Bedeutung von Vasopressin und Oxytocin. Zool. Jb. Physiol. 78, 429—439 (1974).

Vorherr, H., M. W. B. Bradbury, M. Hoghoughi, C. R. Kleeman: Antidiuretic hormone in cerebrospinal fluid during endogenous and exogenous changes in its blood level. Endocrinol. 83, 246—250 (1968).

de Wied, D.: The influence of the posterior and intermediate lobe of the pituitary and pituitary peptides on the maintenance of a conditioned avoidance response in rats. Int. J. Neuropharmacol. 4, 157—167 (1965).

de Wied, D., G. Bohus, and Tj. B. van Wimersma-Greidanus: The Hypothalamic-Neurohypophyseal-System and the Preservation of Conditioned Avoidance Behavior in Rats. In: D. F. Swaab and J. P. Schadé: Progress in Brain Research, Vol. 401, pp. 417—428. Integrative Hypothalamic Activity. Elsevier Scientific Publishing Company. Amsterdam 1974.

Heidrun Bigl, Holger Stark, Tilmann Ott, Günther Sterba und Hansjürgen Matthies

Beeinflussung von Lernprozessen durch Hinterlappenhormone am Beispiel der Ratte

In einer Reihe früherer Experimente konnten DE WIED und Mitarbeiter zeigen, daß Ratten, deren Hypophyse entfernt wurde, die Fähigkeit, eine bedingte Fluchtreaktion zu erlernen, weitgehend verlieren. Gaben von ACTH, α-MSH sowie Lys-Vasopressin (LVP) gleichen dieses Verhaltensdefizit der hypophysektomierten Tiere gegenüber Kontroll- bzw. scheinoperierten Tieren nahezu völlig aus (DE WIED 1965, 1969).

Von den gleichen Autoren wurde nachgewiesen, daß die genannten Peptide bei intakten Tieren die Extinktion einer erlernten bedingten Fluchtreaktion verzögern, wobei LVP und das Desglycinamid-Analoge des LVP eine länger anhaltende Verbesserung der Retention bewirken als ACTH und α-MSH (DE WIED und BOHUS 1966, GREVEN und DE WIED 1967, DE WIED 1971, 1973).

Ratten mit hereditärem Diabetes insipidus, d. h. Ratten, die durch einen genetischen Defekt nicht in der Lage sind, Vasopressin zu synthetisieren, sind, ebenso wie Tiere, denen intracerebral Arg-Vasopressin (AVP)-Antiserum appliziert wurde, nicht in der Lage, eine passive Fluchtreaktion zu erlernen (DE WIED und Mitarbeiter 1975, VAN WIMERSMA-GREIDANUS und Mitarbeiter 1975). Diese Befunde haben, unterstützt durch das Vorhandensein einer Zeitabhängigkeit zwischen Hormonapplikation und beobachtetem Verhaltenseffekt zu der Annahme geführt, daß LVP und bestimmte analoge Verbindungen die Konsolidierung einer erworbenen bedingten Reaktion beeinflussen können. Oxytocin — ein in seiner Aminosäuresequenz dem LVP sehr ähnliches Molekül — zeigt diesen Effekt nicht (DE WIED 1971).

Für uns ist die Frage interessant, welche strukturellen Besonderheiten diejenigen Hypophysenhinterlappenhormone aufweisen, die in der Lage sind, eine Retentionsverbesserung einer bedingten Fluchtreaktion hervorzurufen, d. h. zu untersuchen, welche Aminosäuresequenzen der Peptidhormone für die verhaltensaktive Wirkung eine Rolle spielen.

Die Versuche wurden an männlichen Wistarratten (180—220 g) durchgeführt. Für das Training einer aktiven bedingten Fluchtreaktion wurde der von DE WIED benutzte Stabsprung-Test verwendet.

Als bedingter Reiz diente ein Tonsignal von 4 s Dauer. Die Ratten, die innerhalb der 4 s nicht den Sprung an den Stab ausführten, erhielten als unbedingten

Reiz elektrische Stromstöße über das Bodengitter (Stärke: 0,6 mA). Die Konditionierung erfolgte an drei aufeinanderfolgenden Tagen, jedes Tier absolvierte 10 Sprünge pro Tag. Zur Prüfung der Extinktion am 4. und 5. Tag wurden wiederum jeweils 10 Sprünge in der gleichen Art wie während der Acquisition durchgeführt, wobei jedoch die Stromstöße als unconditionierter Stimulus nicht gegeben wurden. Die Applikation der zu prüfenden Substanzen (Abb. 1) erfolgte immer 1 Std. vor dem Training am 3. Tag subcutan in die Nackenregion. Injiziert wurden, wenn nicht anders angegeben, 0,5 IE der entsprechenden Substanz in 0,5 ml physiologischer Lösung. Die Kontrolltiere erhielten nur die 0,9%ige NaCl-Lösung.

Pitressin	Hypophysenhinterlappenextrakt (Fa. Sandoz/Schweiz)
Lys-Vasopressin	Cys—Tyr—Phe—Gln—Asn—Cys—Pro—Lys—Gly—NH_2
Arg-Vasopressin	Cys—Tyr—Phe—Gln—Asn—Cys—Pro—Arg—Gly—NH_2
Octapressin	Cys—Phe—Phe—Gln—Asn—Cys—Pro—Lys—Gly—NH_2
Oxytocin	Cys—Tyr—Ile—Gln—Asn—Cys—Pro—Leu—Gly—NH_2

Abb. 1. Aminosäuresequenzen der verwendeten Hormonpräparate

Aus Abb. 2 geht hervor, daß eine einmalige subcutane Injektion von Pitressin (Fa. Sandoz/Schweiz) — einem Hypophysenhinterlappenextrakt, dessen wirksame Komponente das LVP sein soll — sowie von synthetischem AVP zur Verbesserung der Retention einer erlernten aktiven Fluchtreaktion bei Ratten führt. Tiere, denen synthetisches Oxytocin (Fa. Richter/Budapest) bzw. Octapressin (Fa. Sandoz/Schweiz) — ein Phe^2-Lys-Vasopressin — verabreicht wurde, verhalten sich wie Kontrolltiere, d. h., diese Substanzen üben keinen Einfluß auf die Retention der erlernten Verhaltensweise aus.

In Abb. 3 sind Befunde zusammengestellt, die nach s. c. Injektion von 0,5 IE synthetischem LVP (Fa. Sandoz/Schweiz), 17 IE Oxytocin und einer Kombination beider Hormone gegenüber Kontrolltieren erhalten wurden. LVP allein gegeben, zeigt die schon für Pitressin und AVP beobachtete Verzögerung der Extinktion. Werden Oxytocin und Vasopressin gemeinsam appliziert, kommt es zu einer anfänglichen Verschlechterung der Retention (1. Tag der Extinktionsprüfung), während die Tiere am 2. Tag der Extinktionsprüfung wieder eine Verbesserung der Retention zeigen. Diese Wirkung von Oxytocin in Anwesenheit von Vasopressin bedarf weiterer Untersuchungen.

Walter und Mitarbeiter (1975) prüften die Wirkung einer Reihe von analogen Verbindungen des Vasopressins auf die Gedächtniskonsolidierung, indem sie einen Verhaltenstest benutzten, der sich von denen, die von der Arbeitsgruppe de Wied verwendet worden waren, unterscheidet. Sie blockierten durch intracerebrale Injekticnen von Puromycin 24 Std. nach dem Training das Langzeitgedächtnis von im Y-Labyrinth trainierten Mäusen. Verabreichten sie den Tieren unmittelbar nach dem Training LVP bzw. analoge Verbindungen, so wurde die durch Puromycin hervorgerufene Amnesie vollständig oder zum Teil verhindert.

In Abb. 4 sind einige dieser Verbindungen zusammengestellt, die hinsichtlich ihrer Aminosäuresequenz und der damit verbundenen verhaltensaktiven Wirkung besonders interessant sind. Aus dieser Abbildung geht hervor, daß:

1. LVP und AVP — Hormone mit identischer Ringstruktur — die durch Puromycin induzierte Amnesie bei Mäusen zu über 80% verhindern. Vasotocin und Oxytocin dagegen zeigen im gleichen Verhaltenstest keine Wirkung, obwohl sich beide in der Ringstruktur von den Vasopressinen nur durch Substitution des Aminosäurerests mit aromatischer Seitenkette in Stellung 3 durch einen mit aliphatischer Seitenkette unterscheiden.

2. Ersatz der Disulfidgruppe im Vasopressin durch eine Äthylengruppe (1/6-Dicarba-LVP) in einer reduzierten, aber signifikanten Aktivität dieser Verbindung resultiert. Nach Hase und Mitarbeiter (1972) sowie Walter und Mitarbeiter

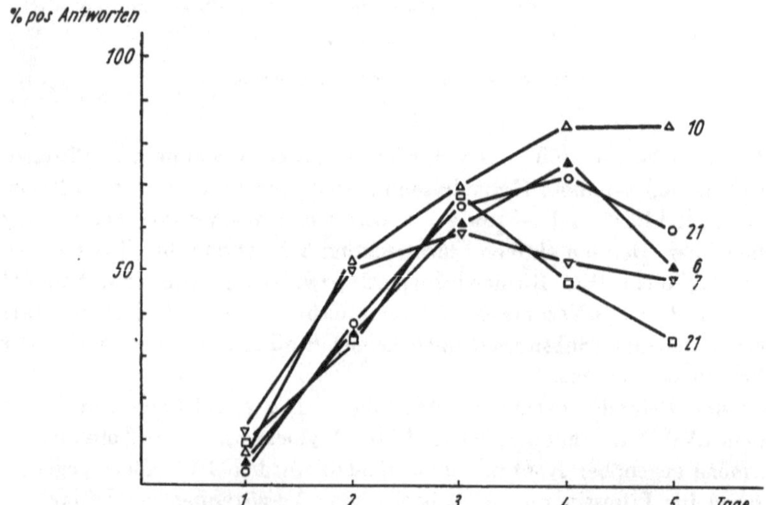

Abb. 2. Einfluß verschiedener Hormone nach einmaliger subcutaner Injektion auf die Retention einer erlernten aktiven Fluchtreaktion bei Ratten.
1.—3. Tag: Training, 4. und 5. Tag: Extinktionsprüfung. Applikation der Hormone erfolgte 1 Std. vor dem 3. Training. Die Zahlen hinter den Kurven geben die Anzahl der verwendeten Tiere an

○ 0,5 JU LVP	▲ 0,5 JU AVP
△ 0,5 JU Pitressin	▽ 0,11 JU Octapressin
□ NaCl	

(1974) hat der Ersatz der Disulfidgruppe im Molekül eine geringere Stabilität der Ringstruktur zur Folge als es beim natürlichen Hormon der Fall ist, wobei die endokrine Aktivität dieser Verbindungen voll erhalten bleibt oder z. T. verstärkt werden kann.

3. Veränderungen in der Ringstruktur, wie Entfernung der N-terminalen NH_2-Gruppe des LVP (Deamino-LVP) bzw. Ersatz des Gln^4 durch Leucin (Leu^4-Lys^8-Vasopressin) zu einer geringen Verminderung der Aktivität dieser Verbindungen in bezug auf die beobachtete Unterdrückung des durch Puromycin hervorgerufenen Gedächtnisverlustes führen. Substitution der N-terminalen NH_2-Gruppe durch einen Triglycinrest führt dagegen zu einer Erhöhung der Aktivität.

Bei Ersatz des aromatischen Tyr-Rests in Stellung 2 des AVP durch den aliphatischen Rest Alanin kommt es jedoch zu einem fast völligen Verlust der Aktivität. Das Tyrosin in Position 2 soll an der intramolekularen Stabilität des Hormons beteiligt sein (Walter 1971). So konnten auch wir anhand eigener Versuche zeigen, daß der Ersatz des Tyrosins durch Phenylalanin (im Falle des Octapressins) ebenfalls zu einem vollständigen Verlust der Aktivität des LVP-Moleküls in dem von uns verwendeten Stabsprungtest führt.

4. die cyclische Sequenz des Vasopressins allein (pressionic acid) keine Wirkung auf die von Walter und Mitarbeiter (1975) untersuchte Verhaltensweise zeigt. Die

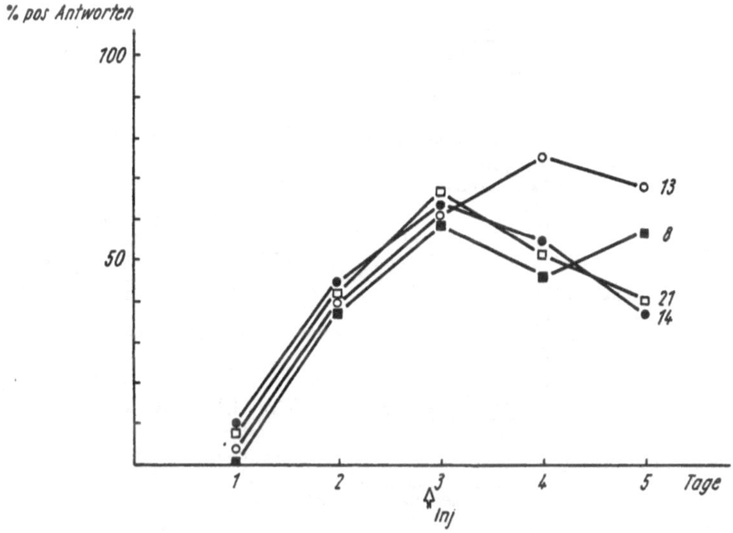

Abb. 3. Wirkung von LVP und Oxytocin (OT) sowie einer Kombination beider Hormone auf die Retention einer erlernten aktiven Fluchtreaktion bei Ratten
○ 0,5 JU LVP ■ 0,5 JU LVP + 17,0 JU OT
● 17,0 JU OT □ NaCl
Weitere Legende: siehe Abb. 2

Ursache dafür scheint in einer Konformationsänderung des Ringes zu liegen, da auch das Prolin in Stellung 7 an der Stabilisierung der Ringstruktur beteiligt sein soll (Walter und Mitarbeiter 1974).

5. bei der verhaltensaktiven Wirkung der Vasopressine auch das C-terminale Tripeptid von Bedeutung zu sein scheint, da das Phe³-Ala⁸-Oxytocin — also Vasopressinring und neutrales Alanin statt des basischen Rests in Stellung 8 — keine meßbare Aktivität, d. h. keine Hemmung der durch Puromycin induzierten Amnesie zeigt. Umgekehrt haben auch Verbindungen mit basischem Rest in Position 8 ohne Phe³ im Ring (wie es beim Vasotocin der Fall ist) keine nachweisbare Aktivität.

Daraus ergibt sich, daß die verhaltensaktive Wirkung der untersuchten Verbindungen tatsächlich von der Anwesenheit eines aromatischen Rests in Stellung 3 in Kombination mit einem basischen Rest in Stellung 8 abhängt. Zum anderen scheinen Konformationsänderungen der Ringstruktur der Hormone, z. B. durch Substitution in Position 2 zu einem Verlust der beobachteten verhaltensaktiven Wirkungen zu führen.

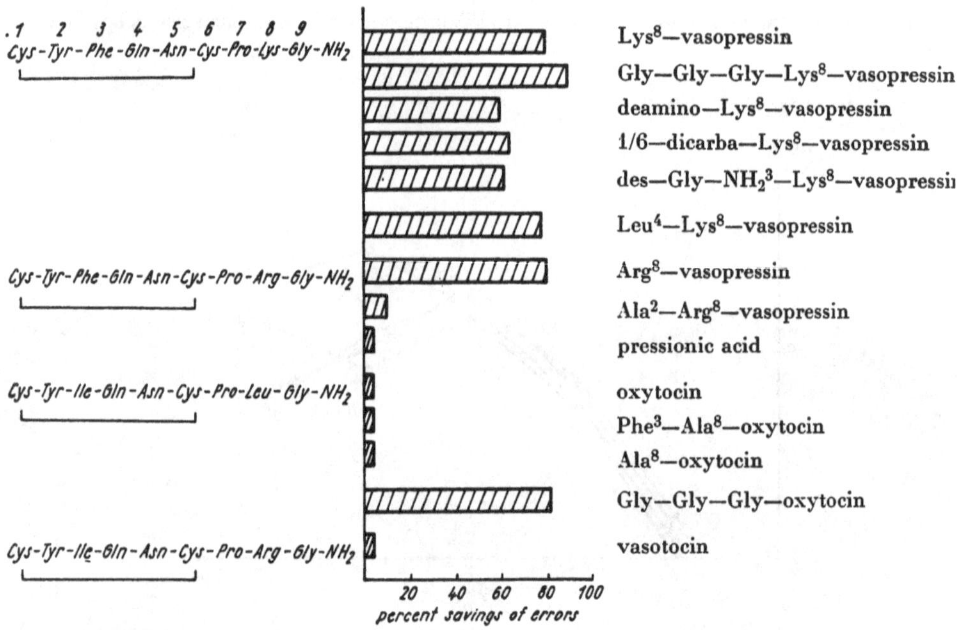

Abb. 4. Wirksamkeit von LVP, AVP und analogen Verbindungen auf die Unterdrückung der Puromycin-induzierten Amnesie bei Mäusen (nach Walter und Mitarbeiter, 1975). 100%ige Vermeidung von Fehlern bedeutet eine totale Dämpfung des Puromycineffekts. 0% heißt, daß diese Verbindung keinen Einfluß auf den durch Puromycin hervorgerufenen Gedächtnisverlust hat

Nicht zu erklären in diesem Zusammenhang ist der Einfluß des Triglycin-Oxytocins, das die Blockierung des Langzeitgedächtnisses durch Puromycin bei Mäusen zu über 80% wieder aufhebt.

Interessant ist, daß viele der getesteten Verbindungen keine oder stark reduzierte endokrine Wirkungen zeigen (Leu⁴-LVP oder Desglycinamid-LVP), während andere neben der Beeinflussung des Verhaltens verstärkte und z. T. auch verlängerte periphere Wirkungen entfalten (Deamino-, Dicarba- und Triglycin-Verbindungen).

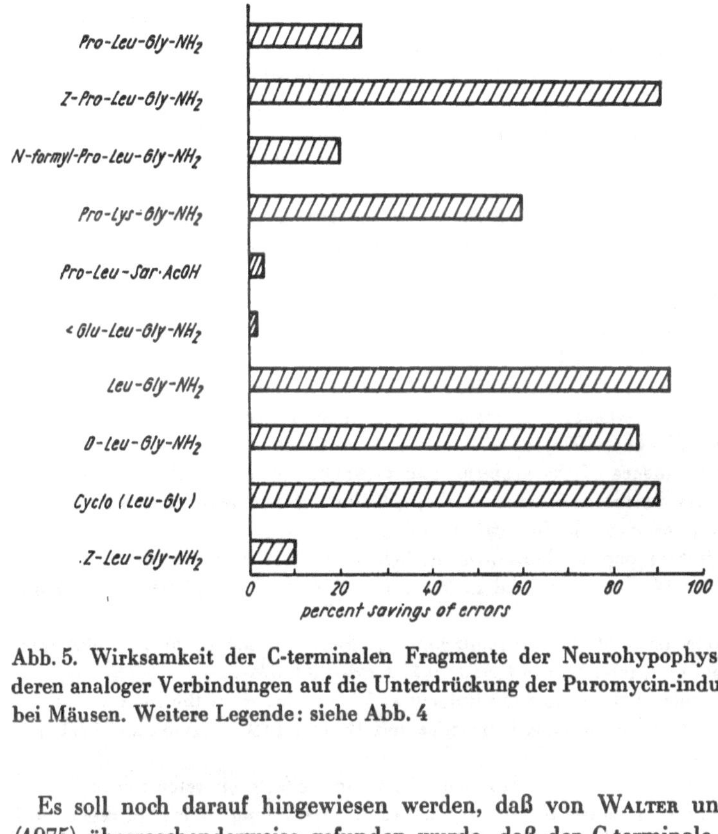

Abb. 5. Wirksamkeit der C-terminalen Fragmente der Neurohypophysenhormone und deren analoger Verbindungen auf die Unterdrückung der Puromycin-induzierten Amnesie bei Mäusen. Weitere Legende: siehe Abb. 4

Es soll noch darauf hingewiesen werden, daß von Walter und Mitarbeitern (1975) überraschenderweise gefunden wurde, daß der C-terminale Rest des Oxytocins allein — Pro—Leu—Gly—NH_2 die durch Puromycin induzierte Amnesie weitgehend verhindert (Abb. 5), besonders dann, wenn die freie N-terminale Iminogruppe des Prolins durch eine Carbobenzoxygruppe blockiert wurde. Blockierung durch eine Formylgruppe verringert die Aktivität, Veränderungen am N- bzw. C-terminalen Rest führen zum Verlust der Aktivität. Ebenso ist das Dipeptid des Oxytocins sowohl in der D-isomeren als auch in der cyclischen Form sehr effektiv.

Der Einfluß der letztgenannten Verbindungen auf das aktive Fluchtverhalten wurde bisher nicht geprüft.

Literatur

Greven, H. M., and D. de Wied: The active sequence in the ACTH molecule responsible for inhibition of the extinction of conditioned avoidance behaviour in rats. Europ. J. Pharmacol. **2**, 14—16 (1967).

Hase, S., S. Sakakibara, M. Wahrenburg, M. Kirchberg, I. L. Schwartz, and R. Walter: 1/6-Aminosuberic acid analogs of Lysine- and Arginine-vasopressin and -vasotocin synthesis and biological properties. J. Am. Chem. Soc. **94**, 3590—3600 (1972).

Walter, R.: Conformations of oxytocin and Lysine-vasopressin and their relationship to the biology of neurohypophyseal hormones. In: Structure-Activity Relationships of Protein and Polypeptide Hormones. Ed. by M. Margoulies and F. C. Greenwood, Excerpta Medica, Amsterdam, 1971.

Walter, R., and P. L. Hofman: Conformational constraints within neurohypophyseal hormones influencing the action of chymotrypsin. Biochim. Biophys. Acta **336**, 294—305 (1974).

Walter, R., P. L. Hofman, J. B. Flexner, and L. B. Flexner: Neurohypophyseal hormones, analogs and fragments: Their effect on puromycin-induced amnesia. Proc. Nat. Acad. Sci. USA **72**, 4180—4184 (1975).

van Wimersma-Greidanus, Tj. B., J. Dogterom, and D. de Wied: Intraventricular administration of anti-vasopressin serum inhibit memory consolidation in the rats. Life Science **16**, 637—644 (1975).

de Wied, D.: The influence of the posterior and intermediate lobe of the pituitary and pituitary peptides on the maintenance of a conditioned avoidance response in rats. Intern. J. Neuropharmacol. **4**, 157—167 (1965).

de Wied, D.: Effect of peptide hormones on behaviour. In: Frontiers in Neuroendocrinology. Ed. by W. F. Ganong and L. Martini, Oxford University Press, New York, 1969.

de Wied, D.: Long term effect of vasopressin on the maintenance of a conditioned avoidance response in rats. Nature (London) **232**, 58—60 (1971).

de Wied, D.: The role of the posterior pituitary and its peptides on the maintenance of conditioned avoidance behaviour. Hormones and Brain Function, Budapest 1971, pp. 391—397 (1973).

de Wied, D., and B. Bohus: Long term and short term effects on retention of a conditioned avoidance response in rats by treatment with long acting pitressin and α-MSH.Nature (London) **212**, 1484—1486 (1966).

de Wied, D., B. Bohus, and Tj. B. van Wimersma-Greidanus: Memory deficit in rats with hereditary diabetes insipidus. Brain Research **85**, 152—156 (1975).

Helmut Arold

Rezeptoren von Peptidhormonen

1. *Einleitung*

Die Rezeptorforschung hat sich in den letzten Jahren neben der Molekulargenetik zu einem bevorzugten Gebiet der Molekularbiologie entwickelt. Für dieses ständig wachsende Interesse lassen sich zwei Gründe anführen: a) Rezeptoren sind wesentlich an Steuerungs- und Regulationsvorgängen im Organismus beteiligt, einem grundlegenden Problem der Physiologie. Die Aufklärung der molekularen Grundlagen dieses Prozesses würde demzufolge eine tiefere Einsicht in seinen Mechanismus gestatten; b) Die exakte Kenntnis der molekularen Vorgänge bei der Hormon-Rezeptor-Wechselwirkung ermöglichte zweifellos ein gezieltes Eingreifen in diesen Prozeß und damit eine Beeinflussung von Regulationsvorgängen, was ganz sicher erhebliche praktische Bedeutung, z. B. in der Therapie von Stoffwechselstörungen haben würde.

Ein Rezeptor wird im allgemeinen beschrieben als ein Biomakromolekül mit einer hohen Affinität zu einer begrenzten Anzahl organischer Verbindungen. Die Bindung solcher organischen Stoffe verursacht eine Veränderung der Struktur des Rezeptors, die ihrerseits eine Reihe von Folgereaktionen auslöst, die zuletzt im biologischen Effekt ihren Ausdruck finden.

Aus dieser Definition des Rezeptors werden zwei Aspekte deutlich: a) Ein kybernetischer Aspekt: Rezeptoren wirken als Diskriminatoren durch ihre große Affinität zum Agonisten, neben geringer oder fehlender Affinität zu anderen biologisch aktiven Stoffen (Hormonen) und zu sehr zahlreichen anderen Metaboliten. Oder anders ausgedrückt: Es muß eine sehr spezifische Wechselwirkung zwischen dem Agonisten und dem Rezeptor existieren, die in einer sehr speziellen Architektur des Rezeptors begründet sein muß. Insofern man diese extreme Spezifität dieser Bindung betrachtet, ist die Analogie zu Enzymen und ihrer spezifischen Substratbindung nicht nur formal. b) Ein energetischer Aspekt: Indem nämlich ein solches Rezeptorsystem das hormonale Signal in eine Folge enzymatischer oder anderer (z. B. physikalisch-chemischer) Reaktionsabläufe transformiert, schließt dies einen Verstärkereffekt ein. Nur relativ wenige Hormonmoleküle vermögen daher bedeutende biologische Effekte auszulösen. In diesem Sinne sind die Beziehungen zwischen einem Hormon und seinem biologischen Effekt nicht streng stöchiometrisch und die wirkenden Konzentrationen von Hormonen in aller Regel außerordentlich klein, sie liegen etwa im Nanomol-Bereich. Hier existiert auch keine Analogie mehr zu den Enzymen.

Es lag weder in der Absicht des Autors, noch ermöglichte es die in einem Vortrag zur Verfügung stehende Zeit, einen umfassenden oder gar vollständigen Überblick über den gegenwärtigen Stand der Rezeptorforschung zu geben. Die Auswahl der betrachteten Probleme und Methoden ist demzufolge sehr subjektiv, und es wurde auch auf eine ausführliche Bibliographie verzichtet. Die Beispiele sind begreiflicherweise zumeist eigenen Untersuchungen zum Rezeptor für das Peptidhormon Bradykinin entnommen und keineswegs immer als uneingeschränkt repräsentativ für alle Peptidhormone anzusehen.

2. *Methoden und Probleme der Rezeptorforschung*

2.1. *Allgemeine Vorbemerkungen*

Für die weiteren Betrachtungen ist es nützlich, sich das Schicksal und den Weg von Peptidhormonen im Organismus noch einmal zu vergegenwärtigen (Abb. 1). Er führt von der Biosynthese (gegebenenfalls aus inaktiven Vorstufen durch limi-

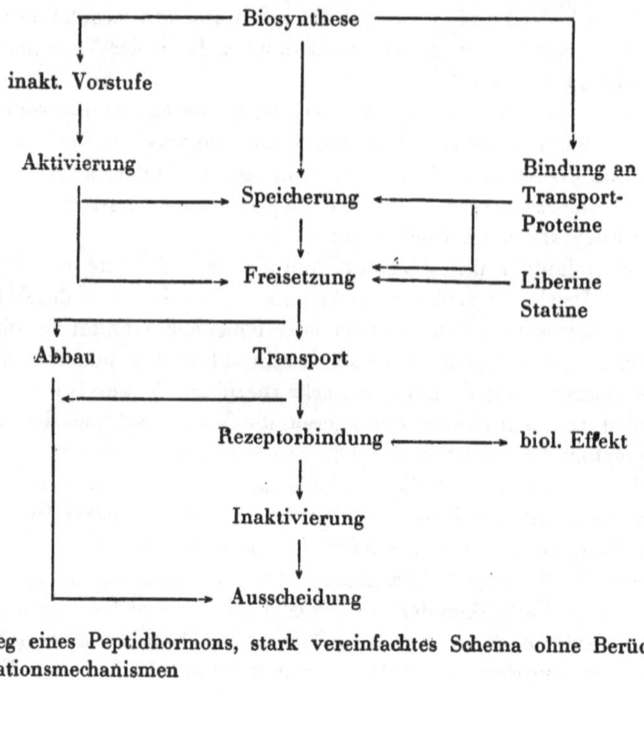

Abb. 1. Weg eines Peptidhormons, stark vereinfachtes Schema ohne Berücksichtigung von Regulationsmechanismen

tierte Proteolyse) über Speicherung, Freisetzung, Transport (teilweise unter Bindung an ein Transportprotein), Rezeptorbindung bis zum enzymatischen Abbau und zur Ausscheidung. Trotz vieler Vereinfachungen (alle regulatorische Beeinflussung ist weggelassen) wird deutlich, daß die aktuelle Konzentration eines Hormons sich erst aus dem Wechselspiel aller Komponenten dieses komplizierten dynamischen Systems ergibt.

Von den hier skizzierten Fragen sollen im folgenden hauptsächlich zwei Probleme interessieren: a) Die Hormon-Rezeptor-Wechselwirkung mit der Bildung des zellulären Stimulus, der zum biologischen Effekt führt; b) der enzymatische Abbau des Peptidhormons, der bei allen Rezeptoruntersuchungen eine wichtige Rolle spielt. Im folgenden sollen einige Methoden und Probleme der Rezeptorforschung behandelt werden.

2.2. *Lokalisation des Rezeptors*

Obwohl allgemein akzeptiert wird, daß für Peptidhormone keine Mechanismen existieren, die sie in das Innere der Zelle transportieren könnten, demzufolge der primäre Angriffsort und damit der Sitz des Rezeptors an der Plasmamembran zu suchen sein wird, ist dies trotzdem in jedem einzelnen Falle genau nachzuweisen. Dafür stehen im wesentlichen drei Verfahren zur Verfügung: a) Das zu untersuchende Hormon wird an einen polymeren Träger gebunden, der eine Diffusion oder einen aktiven Transport in die Zelle ausschließt. Bleibt trotz dieser Bindung die biologische Aktivität erhalten, kann geschlossen werden, daß die Rezeptoren an der Außenseite der Plasmamembranen lokalisiert sind; b) Es wird die Bindung des Hormons an die verschiedenen subzellulären Fraktionen bestimmt. Aus Abb. 2 ist deutlich zu ersehen, daß die Hormonbindung bei den verschiedenen Zellfraktionen sehr unterschiedlich gefunden wird und daß bei den Plasmamembranen die mit Abstand größte Bindungskapazität vorhanden ist. Wenn diese Bindungskapazität zudem noch mit der Verteilung der Markerenzyme für Plasmamembranen korreliert, kann dies als sicherer Hinweis für die Lokalisation an der Außenseite der Membranen gelten; c) Durch Verwendung geeignet modifizierter Antikörper gegen das Hormon, die einen ultrahistochemischen Nachweis ermöglichen, gelingt es in manchen Fällen, den Sitz der Rezeptoren nachzuweisen.

2.3. *Hormon-Rezeptor-Wechselwirkung*

Die Bindung des Hormons an seinen Rezeptor ist eine Gleichgewichtsreaktion:

$$H + R \underset{K_{ass}}{\rightleftharpoons} H{-}R$$

Die Lage des Gleichgewichts wird bestimmt durch seine Gleichgewichtskonstante, K_{ass}, und ist abhängig von der Konzentration der beiden Reaktionspartner, also von der Konzentration von Hormon und Rezeptor. Man ist im allgemeinen ge-

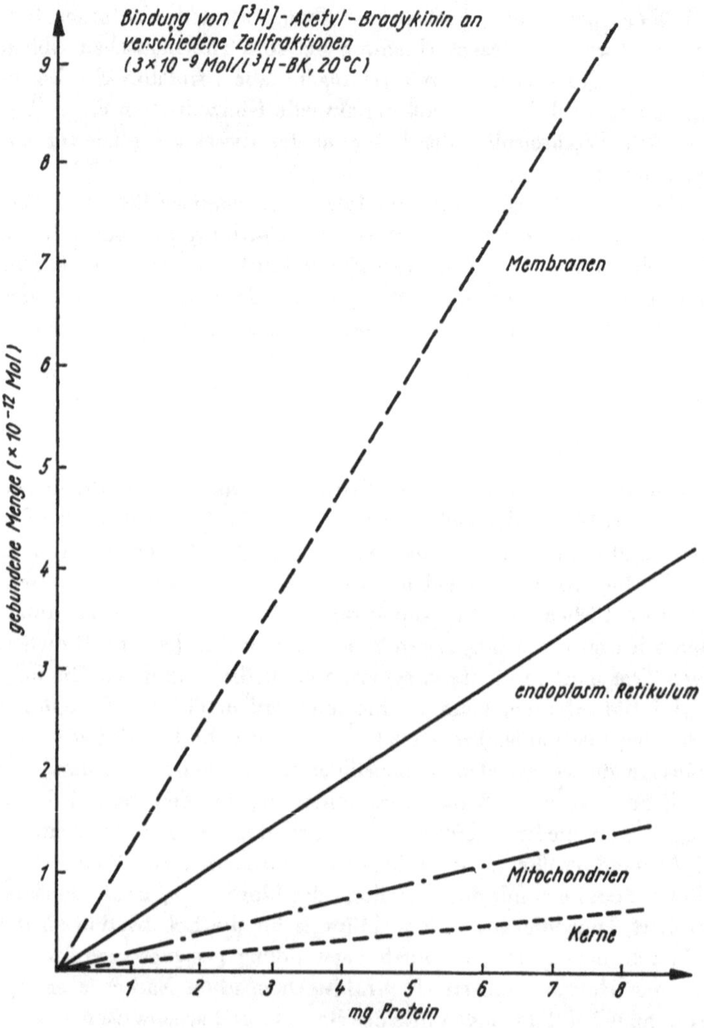

Abb. 2. Bindung von Bradykinin an verschiedene Zellfraktionen

wohnt, nur die Hormonkonzentration ins Kalkül zu ziehen und die des Rezeptors stillschweigend als konstant anzusehen. Für in vitro-Untersuchungen ist dies angängig.

Die Bestimmung der Gleichgewichtskonstanten K_{ass} ist jedoch, obwohl für die Charakterisierung der Wechselwirkung grundlegend, sehr schwierig. Der Grund dafür ist, daß es sich bei der Hormon-Rezeptor-Bindung im Prinzip um eine Protein-Protein-Wechselwirkung handelt. Da aber Rezeptorstrukturen für Peptidhormone bisher noch nicht rein erhalten werden konnten, sondern immer nur zu einem sehr geringen Prozentsatz neben zahlreichen anderen Proteinen vorliegen, sind in weitem Umfange auch Wechselwirkungen des Hormons mit anderen Proteinen möglich und werden tatsächlich auch gefunden.

Die Differenzierung zwischen totaler Bindung und spezifischer Bindung ist demzufolge für die quantitative Beschreibung der Hormonbindung sehr wichtig. Sie erfolgt gewöhnlich in der Weise, daß zunächst mit radioaktiv markiertem Hormon die totale Bindung bestimmt wird und anschließend mit einem Überschuß an unmarkiertem Hormon das spezifisch gebundene verdrängt wird. Das restliche gebundene Hormon wird als unspezifisch gebunden angesehen (Abb. 3). Für die Auswertung solcher Bindungsstudien stehen eine ganze Reihe von mathematischen Verfahren zur Verfügung. Nicht selten wird dabei ein biphasischer Verlauf der Bindungskurve gefunden. Dieses Phänomen kann zwei Gründe haben. Es mögen a) verschiedene Rezeptoren mit unterschiedlicher K_{ass} existieren, oder es sind

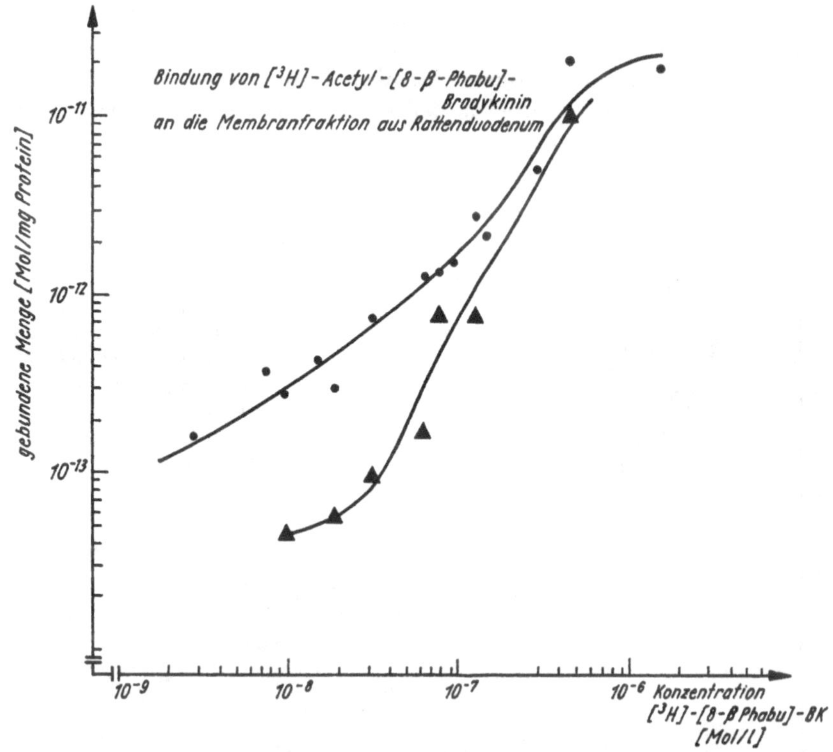

Abb. 3. Bindung von markiertem Bradykinin an eine Membranfraktion aus Rattenduodenum.

● ● totale Bindung; ▲ Restbindung nach Verdrängung durch überschüssiges unmarkiertes Bradykinin. Der Anteil an spezifisch gebundenem Hormon ergibt sich aus der Differenz zwischen totaler und restlicher (unspezifischer) Bindung

b) neben den Rezeptoren noch andere spezifische Bindungsstellen vorhanden, wie wir es z. B. im Falle des Bradykinins finden, wo neben der Bindung an den eigentlichen Rezeptor noch eine spezifische Bindung an die Kininase II, ein Bradykinin abbauendes Enzym, stattfindet (vgl. Abb. 3). In jedem Falle sind solche Bindungsstudien sehr sorgfältig durchzuführen und zu interpretieren, da sie z. Z. die einzige Möglichkeit zur quantitativen Charakterisierung von Rezeptoren darstellen.

Die Bindung des Hormons an den Rezeptor ist stark konzentrationsabhängig und wird durch eine Sättigungskinetik charakterisiert. Eine wesentliche Frage ist, ob die Hormonkonzentration stets als konstant anzusehen ist. Alle Peptidhormone werden mehr oder weniger schnell enzymatisch abgebaut. Die biologische Halbwertszeit beträgt häufig nur wenige Minuten. Zwar wird die Bindung des Hormons an den Rezeptor sehr schnell erfolgen (im Millisekunden- oder Sekundenbereich), doch nehmen Bindungsstudien auf Grund der experimentellen Gegebenheiten stets wesentlich mehr Zeit in Anspruch. Der enzymatische Abbau wird deshalb nicht ohne weiteres zu vernachlässigen sein (Abb. 4). Die genaue Kenntnis der Kinetik des enzymatischen Abbaues und der beteiligten Enzyme ist deshalb eine notwendige Voraussetzung für Bindungsstudien. Diese Schwierigkeit läßt sich in manchen Fällen dadurch überwinden, daß entweder a) spezifische Enzyminhibi-

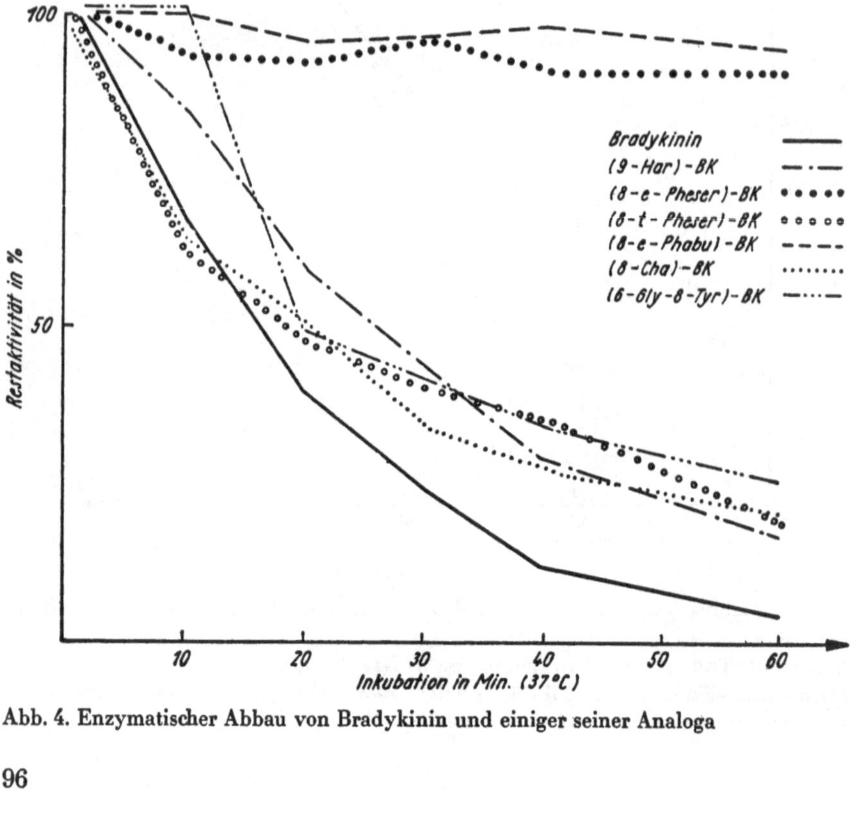

Abb. 4. Enzymatischer Abbau von Bradykinin und einiger seiner Analoga

toren eingesetzt werden (sie dürfen jedoch die Rezeptorbindung nicht stören!) oder b) abbaustabile Analoga des Peptidhormons mit hoher biologischer Aktivität gefunden und synthetisiert werden können (vgl. Abb. 4). Dieser enzymatische Abbau ist keineswegs nur als Störfaktor für Rezeptoruntersuchungen anzusehen, sondern ist ganz im Gegenteil eine unbedingte Notwendigkeit für das Funktionieren jeglicher hormonaler Regulation.

Es müssen weitere, für die Rezeptorforschung wichtige Fragen gestellt werden: Ist die Zahl der Rezeptoren (oder ihre „Konzentration", ausgedrückt etwa in der Zahl der Rezeptoren pro Zelle oder pro Flächeneinheit) als konstant anzusehen? Sind alle Rezeptoren in ihrer Funktionsfähigkeit (Aktivität) gleich?

Was die Anzahl der Rezeptoren betrifft, so läßt sich diese aus der Menge des gebundenen Hormons überschlagsmäßig berechnen: Es wird bei verschiedenen Peptidhormonen eine Größenordnung von etwa 10^2—10^6 Rezeptoren pro Zelle, oder 300—600 pro μ^2 Zelloberfläche gefunden. Wenn man pro Hormonmolekül einen Flächenbedarf von etwa 2000 $Å^2$ ansetzt, bedeutet dies, daß ungefähr 1% der Zelloberfläche mit einem bestimmten Rezeptor besetzt ist. Zweifellos wird auch die absolute Zahl der Rezeptoren pro Zelle nicht konstant sein, da auch diese dem Proteinturnover unterliegen und abhängig vom Entwicklungszustand der Zelle sind.

Auch der funktionelle Zustand der Rezeptoren kann offensichtlich sehr unterschiedlich sein. Für einige Peptidhormone ist sicher nachgewiesen worden, daß zur Auslösung des maximalen biologischen Effekts durchaus nicht alle Rezeptoren durch das Hormon besetzt sein müssen, es existieren also Reserverezeptoren. Weiterhin ist gefunden worden, daß durch bestimmte Agentien (z. B. Enzyme, andere Hormone u. a.) die Zahl der Rezeptoren (Bindungsstellen) erhöht werden kann. Man spricht dann von „stillen" (silent, dormant) Rezeptoren, die in „aktive" (rezeptive) Rezeptoren übergehen. Wenn solche Vorgänge tatsächlich auch physiologisch relevant sein sollten, bedeutete dies, daß die hormonale Regulation nicht allein durch die Hormonkonzentration bestimmt, sondern auch in erheblichem Maße von der variablen Rezeptivität der Zelle abhängig wäre. Ein für die Modulation und Steuerung von Stoffwechselprozessen sehr bedeutungsvoller Mechanismus.

2.4. *Isolierung von Rezeptoren*

Die Überlegungen zur Anzahl von Rezeptoren für Peptidhormone der Zelle verdeutlicht, daß die Isolierung von reinen Rezeptoren ein sehr schwieriges Problem bleiben wird. Eine Anreicherung oder gar Reindarstellung von Rezeptoren erscheint mit den üblichen Methoden der Proteinchemie nahezu unmöglich, denn bei einem zu erwartenden Gehalt von sicher weniger als 1% Membranprotein (-proteid) von den gesamten Membranproteinen muß eine Anreicherung von mehr als 10 000fach erreicht werden. Für solche Zwecke ist eine Reihe spezieller Methoden entwickelt worden:

a) Die Affinitätschromatographie: Sie beruht darauf, daß an ein polymergebundenes Hormon oder Inhibitor auf Grund der größeren Affinität bevorzugt der Rezeptor gebunden wird. Auf diese Weise läßt sich, besonders bei wiederholter Anwendung, ein hoher Anreicherungsgrad erreichen. Bei der Isolierung des Acetylcholin-Rezeptors und bei der Reindarstellung von Enzymen ist die Affinitätschromatographie mit großem Erfolg eingesetzt worden.

b) Die Bindung von spezifischen kompetitiven Inhibitoren an den Rezeptor mit anschließender fraktionierter Fällung des so modifizierten Rezeptorproteins. Auch in Kombination mit der Affinitätschromatographie kann dies in speziellen Fällen eine sehr erfolgreiche Methode sein.

c) Die Affinitätsmarkierung: Das Konzept dieser Methode beruht auf der Verwendung von mit reaktiven Gruppen beladenen, modifizierten Peptidhormonen. Diese Gruppe reagiert dann, nach schneller Bindung des Hormons an seinen Rezeptor, mit einer, meist nucleophilen Gruppe in der Umgebung des Rezeptors. Auf diese Weise kommt eine irreversible Markierung des Rezeptors zustande, die bei Verwendung radioaktiv markierter Hormone als Indikator für die Isolierung des Rezeptors dienen kann. Dabei werden entweder photoaffine (Azoverbindungen, Azide) oder alkylierende Gruppen (Bromacyl-, Halogenäthylamine) benutzt, deren Reaktivität auf nucleophile Gruppen gerichtet ist. Auch spezielle Reagenzien für eine Aktivierung von Carboxylgruppen sind mit Erfolg eingesetzt worden. Die Problematik dieser Methode besteht hauptsächlich darin, daß die Konzentration der markierten Hormone so hoch zu wählen ist, daß unspezifische Reaktionen kaum auszuschließen sind.

3. *Transformation der hormonalen Information in den zellspezifischen Stimulus*

Die Bindung des Peptidhormons an seinen spezifischen Rezeptor ist nur der erste Schritt einer Reihe von Ereignissen, die zum Schluß zum biologischen Effekt führen. Es ist lange bekannt, daß verschiedene Hormone an der gleichen Zelle verschiedene Effekte hervorrufen, wie andererseits das gleiche Hormon an verschiedenen Zellen durchaus unterschiedliche Effekte auslöst. Daraus und aus anderen Untersuchungen muß geschlossen werden, daß a) für jedes Hormon ein eigener spezifischer Rezeptor existiert, b) die zellspezifische Antwort nicht allein durch den Rezeptor bestimmt ist, sondern vielmehr wesentlich durch das Enzymmuster der Zelle determiniert wird, und daß c) die verschiedenen Stimuli auch auf unterschiedliche Weise generiert werden müssen.

Wie vielfältig die Effekte eines einzelnen Hormons sein können, soll am Beispiel des Insulins demonstriert werden (Abb. 5). Durch Insulin wird gesteigert der Influx von Substraten (Glucose und Aminosäuren, was zu einer erhöhten Syntheserate von Glykogen und Proteinen führt), der Influx von K^+, Ca^{++} und Mg^{++}, sowie der Efflux von Na^+. Darüber hinaus wird die Aktivität der Adenylat- und Guanylat-Cyclase moduliert, was zu Änderungen in der Konzentration von cyclo-AMP und cyclo-GMP führt.

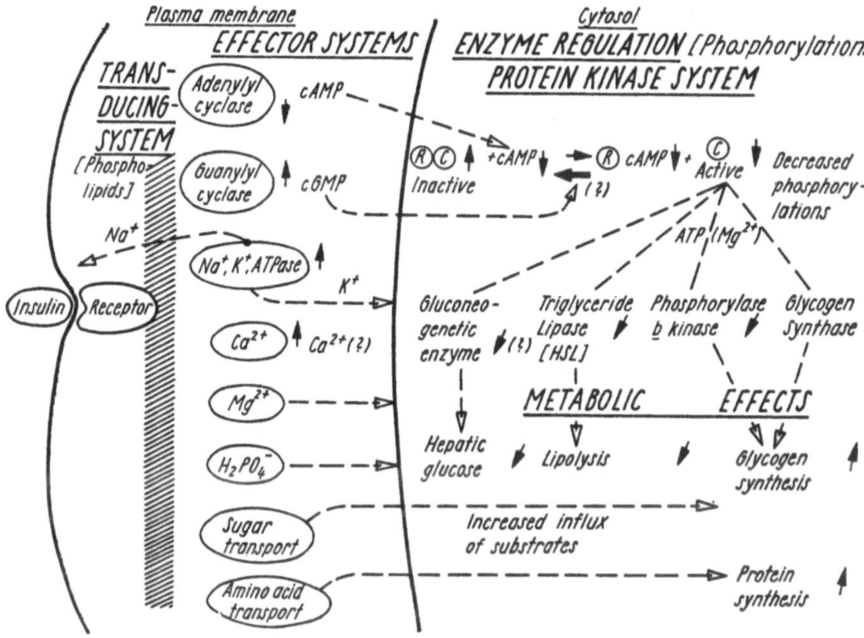

Abb. 5. Schematische Darstellung der verschiedenen Insulinwirkungen auf zellulärer Ebene

Die Aktivierung oder Hemmung der beiden Cyclasen spielt bei der Ausprägung der Hormonwirkung bei zahlreichen Peptidhormonen eine wichtige Rolle. Auch im Falle des Bradykinins haben wir zeigen können, daß ein Zusammenhang zwischen Hormonwirkung und Aktivität der Adenylatcyclase besteht (Abb. 6 und 7). Wie aus den Abb. hervorgeht, besteht eine eindeutige Korrelation zwischen der Kontraktion am Uterus und der Hemmung der Aktivität der Adenylatcyclase einerseits und der Relaxation am Duodenum mit der Aktivierung der Adenylatcyclase andererseits.

Überhaupt hat in der Rezeptortheorie die Entdeckung des cyclischen AMP und der Adenylatcyclase wesentlich zur Entwicklung der modernen Anschauungen beigetragen. Nach der ursprünglichen Theorie der durch Adenylatcyclase vermittelten Hormonwirkung bilden Rezeptor und Effektor eine strukturelle Einheit, indem entweder a) die Adenylatcyclase beide Funktionen als Rezeptor (Diskriminator) und Effektor zugleich ausübt, wie z. B. ein allosterisches Enzym, dessen Aktivität durch Effektoren moduliert werden kann, oder indem b) die Adenylatcyclase an den Rezeptor direkt oder auch über einen Mediator gekoppelt ist.

Diese Theorie hat sich nicht halten lassen. Es gibt manche Peptidhormone, an deren Wirkung die Adenylatcyclase nicht beteiligt ist. Weiterhin hätten für alle

Hormone, an deren Wirkung die Adenylatcyclase mitwirkt, verschiedene strukturelle Rezeptoreinheiten angenommen werden müssen, ebenso wie sie auch für die unterschiedlichen Wirkungen des gleichen Hormons existieren sollten.

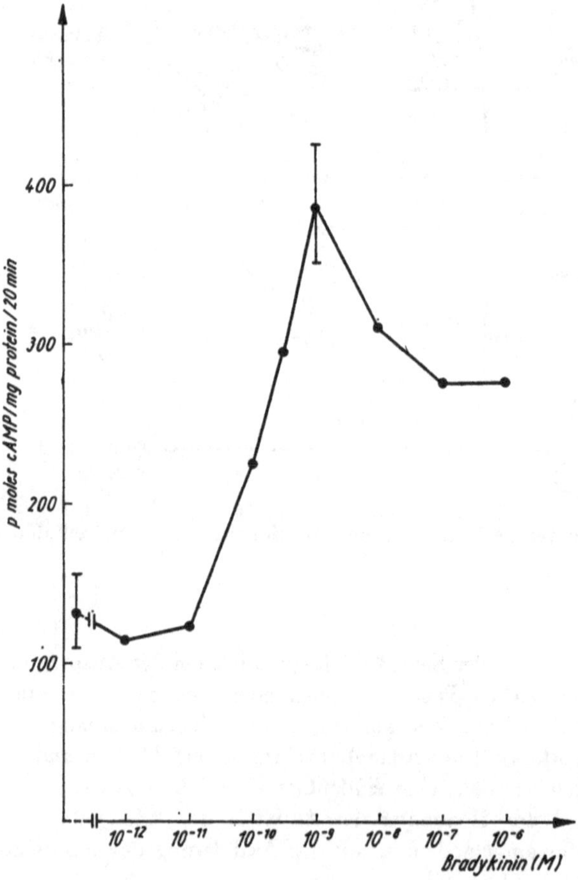

Abb. 6. Aktivierung der Adenylatcyclase in Plasmamembranen aus Rattenduodenum durch Bradykinin

Diese Schwierigkeiten werden durch eine neue und einheitliche Rezeptortheorie überwunden, die insbesondere von Schwyzer [1] und Cuatrecasas [2] entwickelt worden ist. Dieses „non-stoichiometric two-step floating receptor model" basiert auf der außerordentlich hohen Fluidität von Strukturen innerhalb der Membran. Es sieht den Rezeptor nicht mehr als strukturelle, sondern als funktionelle Einheit (Holo-Rezeptor), der sich aus dem eigentlichen Rezeptor (Diskriminator) und dem Effektor (Apo-Rezeptor) zusammensetzt.

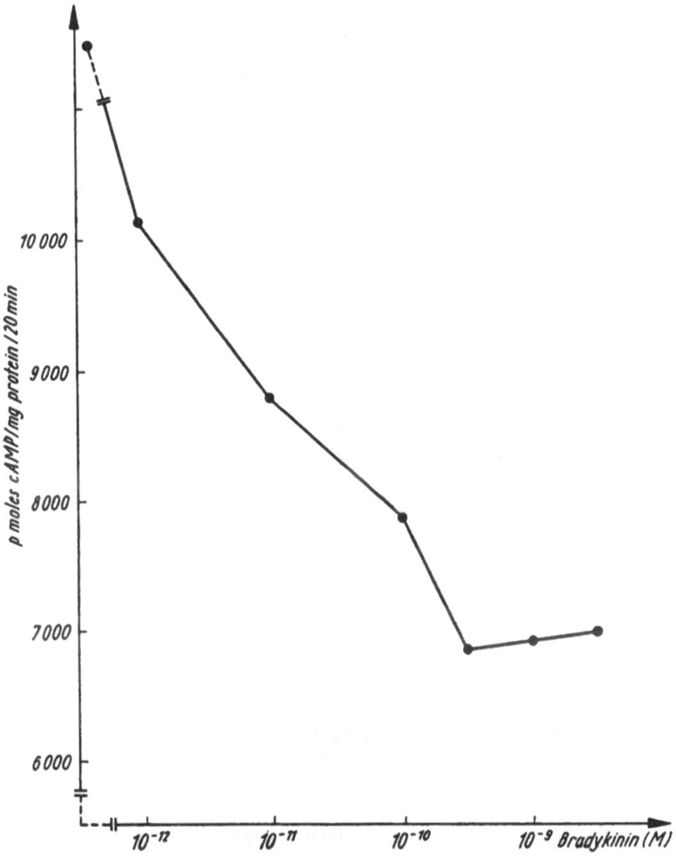

Abb. 7. Hemmung der Aktivitäten der Adenylatcyclase in Plasmamembranen aus Rattenuterus durch Bradykinin

In den Abb. 8 und 9 ist dieses Rezeptormodell schematisch dargestellt. Es geht von den folgenden Voraussetzungen aus:

1. Es existiert jeweils nur ein Rezeptor für jedes Hormon;
2. Rezeptor und Effektor sind im nichtaktiven Zustand getrennte Strukturen;
3. Die Rezeptoren kommen in zwei Zuständen vor.

Einerseits als stille Rezeptoren, die entweder verdeckt oder in anderer Konformation vorliegen, jedenfalls aber nicht bindend für das Hormon sind. Durch bestimmte Agentien können sie andererseits in einen das Hormon bindenden aktiven, „rezeptiven" Zustand übergehen;

4. Dieser Hormon-Rezeptor-Komplex stellt die eigentliche aktive „stimulative" Form dar. Sie hat andere Eigenschaften als der unbesetzte Rezeptor, insbesondere eine hohe Affinität zum Effektor;

5. Die hohe Affinität führt zur Bildung des Rezeptor-Effektor-Komplexes (Holo-Rezeptor), in dem der Effektor in einem aktivierten Zustand vorliegt und die erste der Folgereaktionen auslöst, die zum biologischen Effekt führen;

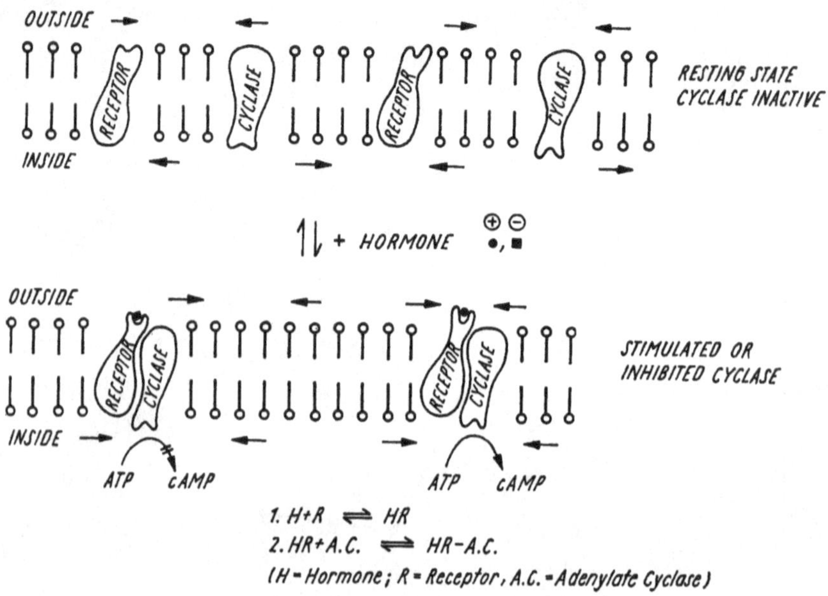

Abb. 8. Modell eines Rezeptors für Peptidhormone nach Cuatrecasas

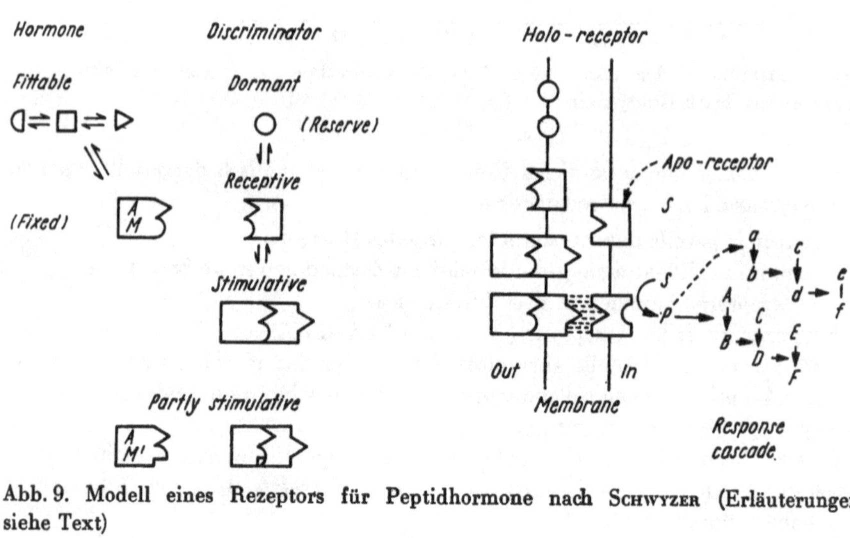

Abb. 9. Modell eines Rezeptors für Peptidhormone nach Schwyzer (Erläuterungen siehe Text)

6. Der Hormon-Rezeptor-Komplex in seiner „stimulativen" Form kann mit verschiedenen Effektoren reagieren, wobei die Bindung mit unterschiedlichen Konstanten erfolgt. Damit wird die Möglichkeit der verschiedenen Effekte eines Hormons erklärt.

Partialagonisten oder Antagonisten sind demzufolge von vollen Agonisten dadurch unterschieden, daß sie bei Bindung an den Rezeptor eine nur teilweise oder nicht „stimulative" Form des Hormon-Rezeptor-Komplexes ergeben.

4. *Ausblick*

Aus den vorgelegten Betrachtungen wird deutlich, daß es sich bei der Rezeptorforschung um ein grundlegendes, aber auch extrem schwieriges Gebiet der modernen Molekularbiologie handelt. Trotz bemerkenswerter Fortschritte in den letzten Jahren sind noch zahlreiche grundsätzliche Probleme ungelöst geblieben. Es wird noch zahlreicher weiterer Untersuchungen und neuer Erkenntnisse bedürfen, bis aus vielen noch aufzufindenden neuen Bausteinen wie in einem Mosaik ein komplettes Bild des molekularen Mechanismus der Hormonwirkung erkennbar wird.

Literatur

[1] Schwyzer, R.: Pure Appl. Chemistry **37**, 299 (1974).
[2] Cuatrecasas, P.: Biochem. Pharmacol. **23**, 2352 (1974).

Hartmut Niedrich

Verschlüsselung biologischer Informationen in Peptidhormonen

Die hochspezifische und hochaffine Bindung eines Hormons an seinen in der Zellmembran lokalisierten Rezeptor ist mit dem Erkennen und Ablesen der im Peptidmolekül enthaltenen Botschaft gleichzusetzen.

Von den Rezeptormolekülen hat man die Vorstellung, daß es sich um in der Membran schwimmende lipophile Proteine — auch Glykoproteine — handelt. Die Hormone diffundieren an die Zellmembran und gehen in eine im einzelnen noch nicht überschaubare Bildung von Proteinkomplexen ein, sicher unter Veränderung bestimmter räumlicher Anordnungen aller im sog. Hormon-Rezeptor-Komplex beteiligten Partner zueinander.

Diese Art Wechselwirkung erfolgt durch die Ausbildung und das Zusammenwirken vielfältiger mehrfacher, nichtcovalenter, intermolekularer Bindungen unterschiedlicher Affinität, z. B. H-Brücken, Ionen-Beziehungen. Dipol-Beziehungen, hydrophobe Wechselwirkungen.

In Proteinen oder Peptiden ist, bedingt durch die Anordnung der natürlichen Aminosäurereste in der Sequenz bzw. in der Raumstruktur, eine unendliche Vielfalt von Wechselwirkungsmustern möglich, u. a. auch solche mit einmaliger Selektivität. Die einer Peptidstruktur aufgeprägten Informationen sind durch die Peptid-Protein- beziehungsweise Protein-Protein-Wechselwirkung abgreifbar und ablesbar.

Zunächst seien einige thermodynamische Betrachtungen angestellt.

Für ein ^{125}J-Insulin mit einer Bindungskonstanten von 5×10^{-11} M an Fettzellmembranen hat Cuatrecasas [1] den Gewinn an freier Energie bei der Rezeptorbindung mit etwa —14 kcal/Mol bestimmt. Für kleinere Peptide und solche, die mit niederer Affinität an ihren Rezeptor gebunden werden, dürfte der Wert etwas kleiner sein.

Man kennt ferner den Gewinn an freier Energie bei der Ausbildung von verschiedenen intermolekularen Bindungstypen, wie z. B. bei Ionen-Wechselwirkungen, H-Brücken. Alle diese Werte und Angaben hängen stark von der Polarität bzw. Lipophilie des Mediums, von den intramolekularen Wechselwirkungen und von stereochemischen Faktoren ab. Teilweise sind sie sogar nur in bestimmten Medien wirksam. Da die Rezeptor-Wechselwirkung in oder an der lipophileren Membranphase abläuft, sind quantitative Betrachtungen hier nur unter großen Vorbehalten möglich, vgl. [2]. Es ist auch anzunehmen, daß die Rezeptorbindung mit einer Knüpfung oder Lösung innermolekularer Bindungen verbunden ist, so daß die Energiebilanz nicht allein durch die Hormon-Rezeptor-Bindungen bestimmt wird.

Tabelle 1
Energiegewinn bei Bildung einiger für die Protein-Peptid-Wechselwirkung wichtiger Bindungen. Werte der hydrophoben Bindung nach Nemethy [3]

Insulin-Rezeptor-Bindung $\triangle$ F = etwa –14 kcal/Mol

Bindungstyp		Energiegewinn in kcal/Mol in Wasser	/ im Lipid-Medium
Ionenbindung		–2 bis –3	größer
Wasserstoffbrücke		–3 bis –5	größer
Hydrophobe Bindung berechnet			kleiner
z. B. Ala–Ala	max. –0,3		gegen 0
Ile–Ile	max. –1,5		
Phe–Phe	max. –1,4		
Phe–Leu	max. –0,5		

Eine Schlußfolgerung scheint für die Peptidhormone sicher: die Rezeptorbindung ist mindestens eine Dreipunkt-Bindung, d. h. es sind 3 Bindungen und mindestens 2 verschiedene Bindungstypen dabei mit einer gewissen Kooperativität beteiligt.

Diese Aussage ergibt sich auch aus der Analyse von Struktur-Wirkungs-Beziehungen. Daraus folgt auch, daß eine minimale Molekülgröße für wirksame Peptide bzw. für solche Pharmaka, die im Konzentrationsbereich kleiner als 10^{-8} M wirken, erforderlich ist.

Tripeptide, wie z. B. Tyreoliberin (TRH), Melanostatin (MIF), Faktoren aus dem Hypothalamus, besitzen diese Eigenschaften. Weglassungen am TRH-Molekül bedingen völligen Wirkungsverlust. Wirksame Analoge sind nur durch Vergrößerung des Moleküls möglich [4], d. h. durch Substitution z. B. am Imidazolring und am C-terminalen Stickstoff.

Formel 1: Thyreotropin-freisetzendes Hormon

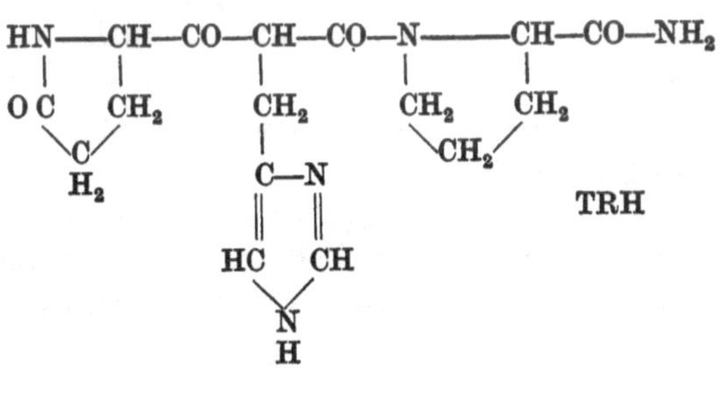

TRH

Die Kenntnisse über den Informationsgehalt bestimmter Teilsequenzen wirksamer Peptide und einzelner AS-Reste stammen fast ausschließlich aus der Analyse der biologischen Aktivität von synthetischen Analoga, zum kleinen Teil aus der Analyse von Sequenzänderungen bei der phylogenetischen Entwicklung von Peptidhormonen.

Tauscht man überwiegend auf dem Wege der Totalsynthese in einem Peptidhormon einen oder mehrere Aminosäure-Reste gegen andere aus, so ändert sich meist die Wirksamkeit beträchtlich (meist Verlust). Die Veränderungen am Peptid reichen vom Wegfall von Gruppen, der Substitution funktioneller Gruppen, dem Austausch von Aminosäure-Seitenketten gegen andere bis zur Einsparung ganzer Teilsequenzen und zur Störung der Polyamidkette und der Raumstruktur, d. h. aus dem umfangreichen Material der Struktur-Wirkungs-Untersuchungen an einigen 1000 synthetischen Peptidhormonen ergeben sich jetzt zunehmend mehr Hinweise über die Verschlüsselung von Teilinformationen in bestimmten Molekülteilen.

Tabelle 2
Zusammenstellung der am Peptidhormon zu unterscheidenden Informationsgehalte und die Effekte von Strukturvariationen an Molekülteilen mit bestimmter Funktion

PEPTIDHORMONE ALS INFORMATIONSTRÄGER

Funktion des Molekülteils	Effekt von Strukturvariationen
— Rezeptor-Bindung, „adress sequence"	Dosis-Wirkungs-Kurve verlagert,
— -Affinitäts-Steigerung	Max.-Effekt = 100%
— -Spezifitäts-Prägung	Differenzierung der Wirkung
— Effekt-Kopplung, „message sequence"	Max.-Effekt < 100% (Partialagonismus) Antagonismus möglich
— Angriff für / Schutz gegen metabolis. Enzyme	Steigerung, evtl. Verlängerung der Wirkung
— Ohne Wirkungsrelevanz, bzw. Transport-Verhalten	Löslichkeit und Pharmakokinetik evtl. verändert
— Vorfixierung der notwendigen Konformation	meist starker Abfall der Wirkung

Welche Teilinformation können wir nun hierbei in Betracht ziehen bzw. unterscheiden? Zunächst eine Liste der Informationsgehalte, die danach durch einige Beispiele belegt werden sollen.

1. Sequenzen und Reste, die direkt an der Auslösung der Effektuierung im Hormon-Rezeptor-Komplex beteiligt sind.

Sie werden in Analogie zu den Enzymen als „Aktives Zentrum", als „message sequence" bezeichnet. Man erkennt sie daran, daß bei Weglassen, Substitution oder Aminosäure-Austausch Wirkungsverlust auftritt, d. h. die intrinsische Aktivität stark abnimmt.

Wenn die rezeptorbindenden Eigenschaften dabei erhalten bleiben, können Antagonisten gewonnen werden.

In vielen Fällen lösen Peptidhormone mehrere und verschiedene biologische Effekte aus, z. B. das Vasopressin hat Einfluß auf Blutdruck, Antidiurese, Ionentransportvorgänge und ZNS-Effekte. Veränderungen im „Aktiven Zentrum" mindern meist alle diese Hormonwirkungen bzw. haben Wirkungsverluste in allen angewandten Testmodellen zur Folge.

2. Sequenzen und Reste, die direkt in Affinitäts-Bindungs-Beziehungen zum Rezeptor treten.

Sie werden als „binding site" oder „Adress-Sequenzen" bezeichnet. Man erkennt sie daran, daß bei Modifizierung, Austausch solcher Aminosäure-Reste sowie bei Weglassung eines Teiles solcher funktioneller Gruppen, die in Bindungs-Beziehungen mit dem Rezeptor treten, die Wirkung meist vermindert wird. Mit höheren Konzentrationen solcher, weniger stark rezeptoraffiner Analoga ist jedoch immer noch der Maximaleffekt zu erreichen. Die Dosis-Wirkungs-Kurve wird verschoben. Es ist auch eine Vielzahl von Analoga bekannt, bei denen die Rezeptoraffinität vergrößert ist; das bedeutet Hormon-Analoga höherer Wirksamkeit. Solche Reste sind innerhalb bestimmter Grenzen variabel. Solange ihre Polarität sich nicht grundlegend ändert, bleibt die Wirkung erhalten. Für die Bindungsaffinität ist auch die Größe des Sequenzbereiches von Bedeutung. So führt z. B. in vielen Fällen das Anfügen weiterer Aminosäure-Reste an bereits wirksame Teilsequenzen zur Verstärkung der Rezeptorbindung und der Wirksamkeit.

Als weiteren Informationsgehalt können wir demnach die Eigenschaft „affinitätssteigernd" ansehen.

Man kennt ferner Aminosäure-Reste, die einer wirksamen Peptidsequenz eine veränderte Spezifität aufprägen. Es handelt sich dabei um solche Reste, die für die Rezeptorbindung verantwortlich sind, aber eben nur für einen speziellen und nach ihrem Austausch für einen anderen Rezeptor. Hierzu möchten wir auch solche Reste zählen, die die Spezies-Spezifität beinhalten und in der phylogenetischen Entwicklung von der Natur ausgetauscht wurden.

3. Angriffsorte für proteolytische bzw. metabolische Enzyme seien hier nur der Vollständigkeit halber erwähnt. Hier kann durch chemische Modifizierung die Abbaubarkeit herabgesetzt und ggf. die Wirkung verstärkt, in manchen Fällen auch verlängert werden.

4. Von einer Vielzahl von Peptidwirkstoffen ist bekannt, daß Teilsequenzen in vitro und in vivo bereits volle Wirksamkeit, ja in einigen Fällen sogar eine verstärkte Wirkung zeigen. Das bedeutet, daß in der Restsequenz keine direkte wirkungsrelevante Information enthalten ist. Sie können Bedeutung für Löslichkeit und Verteilung haben.

5. Als letztes sei die Bedeutung von Aminsäure-Resten für die Ausbildung einer wirkungsrelevanten Peptidkonformation angeführt. Das sind solche, die zwar nicht mit dem Rezeptor wechselwirken, aber durch Ausbildung relativ stabiler intramolekularer Bindungen, d. h. durch Einschränkung der Freiheitsgrade erst die in

einigen Peptidhormonen wirkungsrelevante dreidimensionale Informationsanordnung am Rezeptor vororientieren und vielleicht sogar fixieren. Hier muß man auch die Reste anführen, deren Beitrag einfach in der Gewährleistung der richtigen Abstände und Winkel der funktionellen Gruppierungen liegt. Sie sind als „notwendige Redundanz" anzusehen. In diesem Sinne ist auch das Polyamid-Rückgrat als Informationsträger aufzufassen.

Wie an Beispielen noch gezeigt wird, darf man keinesfalls eine scharfe Abgrenzung und Trennung solcher „Informationsbereiche" in der Sequenz erwarten. Es gibt hier viele Überlappungen. Man kann jedoch aus Sequenz-Wirkungs-Betrachtungen entnehmen, an welchen Funktionen bestimmte Gruppen, AS-Reste und Teilsequenzen *beteiligt* sind.

Die gleichen Strukturelemente können zugleich noch andere Funktionen ausüben. Bei vielen Hormonen sind solche Zuordnungen noch nicht möglich. Dennoch hat sich diese Betrachtungsweise bei der Synthese gezielt-wirkungsmodifizierter Hormon-Analoga bereits bewährt.

Ich hatte schon darauf hingewiesen, daß es grundlegende Unterschiede des Herangehens gibt, je nachdem, ob es sich um Peptide mit eindimensionaler oder mit dreidimensionaler Informationsorganisation handelt. Dazu hat Schwyzer [5] folgende Hypothese aufgestellt:

Bei ersteren sind o. g. Funktionen bestimmten Sequenzbereichen zuzuordnen. Hier finden sich die Beispiele, wo stark verkürzte Sequenzbereiche voll wirksam sind.

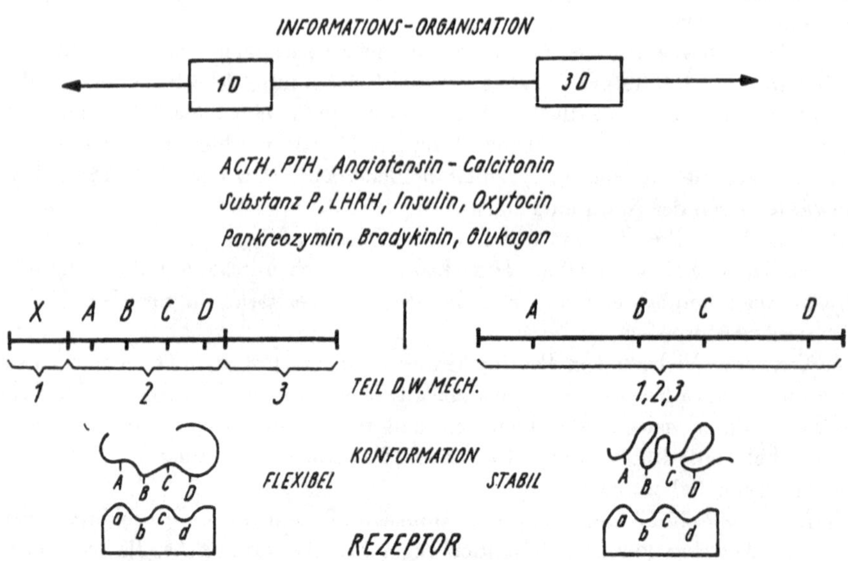

Abb. 1: Vorstellungen und Beispiele für eindimensionale und dreidimensionale Organisation der biologischen Information in Peptiden, modifiziert nach Schwyzer [5]

Die in Lösung vorliegende Konformation ist nicht stabil und ändert sich stark in Abhängigkeit vom Medium. Erst am Rezeptor stellt sich die erforderliche Topographie der bindenden Gruppen ein. Es liegt ein hoher Grad von Kooperativität der Bindungen vor.

Bei Peptiden mit überwiegend 3-dimensionaler Organisation der Information ist die notwendige Topographie für die Rezeptor-Wechselwirkung durch eine Einschränkung der Freiheitsgrade bereits weitgehend vorgeprägt. Sie wird durch intramolekulare H-Brücken, Ionen-Bindungen und S—S-Brücken realisiert. Obengenannte Funktionen sind somit nur einzelnen Aminosäure-Resten zuzuordnen, die durch die Anordnung in der Raumstruktur zu wirksamen Bereichen zusammengeführt werden.

Bei diesen Peptiden ist meist die gesamte Peptid-Sequenz für die Wirkung erforderlich. Zwischengelagerte Aminosäure-Reste sind ohne Wirkungsrelevanz, aber für die Ausbildung der effektiven Konformation notwendig. Lediglich stärker flexible Anhängsel der Raumstruktur, wie kurze terminale Bereiche (wie z. B. beim Insulin), sind hier ohne Wirkverlust abspaltbar.

Nun zu einigen Beispielen.

Die Synthese und Untersuchung analoger Teilsequenzen des ACTH aus Hypophysen-Vorderlappen, das die Corticosteroid-Ausschüttung in den Nebennieren stimuliert, insbesondere durch SCHWYZER et al., hat zu einer weitgehenden Zuordnung bestimmter Funktionen zu bestimmten Sequenzbereichen geführt [6], vgl. Tab. 3.

Tabelle 3
Sequenz des ACTH mit Zuordnung bestimmter Funktionen des Peptidhormons zu einzelnen Sequenzbereichen. Ac = Acetyl

Ser-Tyr-Ser-Met—Glu-His-Phe-Arg-Trp-Gly—Lys-Pro-Val-Gly
/1 — A — 4//-5 ——— B ——— 10//-11 C ——14/
Lys-Lys-Arg-Arg—Pro-Val-Lys-Val-Tyr-Pro-.25 .... 33/34 .. 39
/15——D —— 18//19——— E ———24// F G

Ac—1—13: volle MSH-, 1—21: volle ACTH-Wirkung, 11—24: kompetitiver Antagonismus.
A: Abbau-Schutz, geringe Affinitäts-Steigerung
B: Effekt-Kopplung, insbes. Trp, geringe Rezeptor-Bindung
C: Starke Rezeptor-Bindung
D: Bringt ACTH-Spezifität, senkt MSH-Wirkung
E und G: Transportverhalten und Protein-Bindung
F: Spezies-Spezifität und Immunverhalten

Durch Aminosäure-Austausche in den gekennzeichneten Teilbereichen waren oben erwähnte Teile des Wirkungsmechanismus getrennt zu beeinflussen. Derivate noch kürzerer Sequenzen haben an den angewandten Testmodellen verstärkte,

z. T. verlängerte Wirkung. Auch Antagonisten sind bekannt (Tryptophan-Substitution), vgl. Tab. 4.

Tabelle 4
Beispiele für die verstärkte Wirkung verkürzter ACTH-Sequenzen mit einem N-terminalen „unnatürlichen" Aminosäure-Rest, der das Molekül vor dem Angriff von Aminopeptidasen schützt

	Steroidogene Wirkung
1. β-Corticotropin 1—39 (ACTH)	115 Int. Einh/mg
2. D-Ser^1, Nle^4 — ACTH 1—25 amid.	625 Int. Einh/mg
3. D-Ser, Lys^{18}, Lys^{19} 1—18 amid.	800 Int. Einh/mg
4. β-Ala, Lys^{17}, ACTH 1—17-(4 amino-n-butylamid)	807 Int. Einh/mg

Das umfangreichste Material an synthetischen Analogen zur Erkennung der Funktion *einzelner* Aminosäure-Reste liegt wohl beim Angiotensin vor, vgl. Tab. 5.

Die Sequenz 3—8 enthält alle für die Wirkung auf den Blutdruck, den glatten Muskel und die Nebennierenrinde (Aldosteron-Ausschüttung) notwendigen Informationen und ist bereits wirksam (etwa 1%). Diese Sequenz enthält Gruppen, die im Rezeptorkomplex durch Bindung (His und Tyr) und Effektkopplung (Phe) wirksam werden. Die hydrophoben AS (Ala, Val, Pro) schaffen die notwendigen Voraussetzungen für die räumliche Orientierung auch durch Ausbildung intramolekularer Wechselwirkungen, eine Art Vororientierung der Interaktionsgruppen, doch nicht im Sinne einer stabilen Konformation [7].

Tabelle 5
Sequenz des Angiotensins mit Zuordnung bestimmter Funktionen des Peptidwirkstoffes zu einzelnen Aminosäure-Resten

1	2	3	4	5	6	7	8	9	10
H-Asp-	Arg-	Val-	Tyr-	Ile-	His-	Pro-	Phe—	His-	Leu

3—8: essentielle Sequenz
8: Effekt-Kopplung. 4,6: Rezeptor-Bindung
2: Affinitäts-Steigerung (N^+ im 4C-Abstand)
1: Abbauschutz und Wirkungsdauer
3, 5, 7: Vorfixierung günstiger Konformation
9, 10: Blockierung der Wirksamkeit

Durch den Ersatz von Phe durch andere *hydrophobe* Aminosäuren [Ala, Ile, Leu, Thr(OMe), Phenylglycin] ist eine Vielzahl von Antagonisten erhalten worden mit Rezeptoraffinitäten, die der des AT II entsprechen und sie sogar übertreffen.

Das Arginin verstärkt die Rezeptoraffinität der Sequenz 3—8. Hierbei ist der Abstand des positiv geladenen Stickstoffs von Bedeutung. Die Position 1 dient dem Abbau-Schutz und beeinflußt die Pharmakokinetik. Man kennt viele 1-Analoge.

Insbesondere die mit Sarkosin wirken verstärkt und verlängert, auch bei den Antagonisten. Position 1 beinhaltet auch eine Differenzierungsfunktion. Das Angiotensin-Heptapeptid 2—8 besitzt 150% Wirkung auf die Aldosteron-Ausschüttung der Nebenniere, aber nur 20% des Blutdruckeffektes. Es besitzt möglicherweise eine natürliche Regulationsfunktion (Angiotensin III) [8].

Als essentielle Sequenz bezeichnen wir die Minimalsequenz, die alle für einen voll ausgeprägten biologischen Effekt notwendigen Strukturmerkmale besitzt, für Rezeptorbindung und Effektkopplung.

Die von uns bearbeitete Substanz P, ein Undecapeptid aus dem Hypothalamus, für die eine Modulaturfunktion im ZNS diskutiert wird, zeichnet sich durch einen sehr kurzkettigen, voll wirksamen Sequenzbereich aus. Die einzigen bindungsfähigen Strukturelemente in diesem Pentapeptid sind Amidgruppen (für H-Brücken) und hydrophobe AS-Seitenketten.

Formel 2: Sequenzen der Tachykinine Substanz P, Physalaemin, Eledoisin, Phyllomedusin und Uperolein

	1	2	3	4	5	6	7	8	9	10	11	
Substanz P:	Arg—	Pro—	Lys—	Pro—	Gln—	*Gln—*	*Phe—*	*Phe—*	*Gly—*	*Leu—*	*Met—*	NH_2
Physalaemin:	pGlu—	Ala—	Asp—	Pro—	Asn—	*Lys—*	*Phe—*	*Tyr—*	*Gly—*	*Leu—*	*Met—*	NH_2
Eledoisin:	pGlu—	Pro—	Ser—	Lys—	Asp—	*Ala—*	*Phe—*	*Ile—*	*Gly—*	*Leu—*	*Met—*	NH_2
Phyllomedusin:		pGlu—	Asn—	Pro—	Asn—	Arg—	Phe—	Ile—	Gly—	Leu—	Met—	NH_2
Uperolein:	pGlu—	Pro—	Asp—	Pro—	Asn—	Ala—	Phe—	Tyr—	Gly—	Leu—	Met—	NH_2

Das gleiche gilt für Eledoisin und Physalaemin, zwei Peptide aus einem Octopoden bzw. aus der Haut eines südamerikanischen Frosches, die das gleiche Struktur-Wirkungsprofil aufweisen und als natürliche Analoge bzw. phylogenetische Vorläufer der Substanz P angesehen werden können. Das C-terminale Pentapeptid besitzt bereits alle für die glattmuskuläre Wirksamkeit notwendigen Gruppen. Anfügen einer weiteren, sogar beliebigen Aminosäure steigert die Wirkung stark, weitere Aminosäure-Reste dann nur noch unwesentlich.

An diesen Grundstrukturen durchgeführte Aminosäure-Austausche, Substitutionen und Kettenverlängerungen haben einige neue Gesichtspunkte gebracht. Es konnte u. a. die dabei auftretende Verstärkung der Rezeptorbindung von uns getrennt von dem Verstärkungseffekt auf die Effekt-Kopplung analysiert werden [9].

Ein Absinken des Maximaleffektes am Organ bei einer Veränderung an der Struktur des Agonisten weist auf eine Störung der Effekt-Kopplung hin, man spricht vom Partialagonismus. Ein solcher Fall liegt für unsere Peptide am Colon vor. Alle Rezeptoren sind abgesättigt bei entsprechend hoher Konzentration, und dennoch wird nicht *die* Kontraktionshöhe erreicht wie bei einem vollen Agonismus.

Beim Meerschweinchen-Ileum führt bereits eine Teilbesetzung der Rezeptoren zum Maximaleffekt. Deshalb kann man den Einfluß von Strukturvariationen auf die Effekt-Kopplung erst sehen, wenn man die Rezeptoren vorher so weitgehend blockiert, daß erst mit der Besetzung aller Rezeptoren ein Maximaleffekt *eben* gerade erreicht wird.

Auf die genaue Darlegung der Versuchsanordnung und der Auswertung sei hier auf die Originalarbeiten verwiesen [9, 10]. Auf diese Weise ließen sich für eine Serie von Eledoisin bzw. Substanz P-Derivaten und Sequenzen relative Daten zur Affinität und zur intrinsischen Aktivität (efficacy) gewinnen. Daraus geht hervor, daß eine Acylierung der Pentapeptide bereits zu einer enormen Affinitäts-Steigerung, d. h. Verstärkung der Rezeptorbindung führt. Neben der hydrophoben Eigenschaft des in die essentielle Pentapeptid-Sequenz eingeführten Acyl-Substituenten scheint allein die dabei hinzukommende weitere Amidbindung für die Steigerung der Rezeptorbindung wesentlich zu sein, vgl. Tab. 6.

Tabelle 6
Relative Wirksamkeit von einigen ausgewählten Teilpeptiden des Eledoisins und der Substanz P sowie von Acyl-Derivaten, erhalten am Meerschweinchen-Ileum und -Colon.
K^x = relative Affinitätskonstante
e = relative intrinsische Aktivität
R^1 und R^2 = essentielle Pentapeptide des Eledoisins und der Substanz P

Glattmuskuläre Wirkung von Substanz P-Peptiden	MS-Ileum ED_{50} $\times 10^8$	K^x $\times 10^8$	e relat.	MS-Colon ED_{50} $\times 10^8$	Max. Eff.
R^1 = Phe—Ile—Gly—Leu—Met—NH_2	25,5	1115	11 ± 2	290	73 ± 7
H_3C—CO—R^1	0,7	14	20 ± 4	86	56 ± 4
Br—CH_2—CO—R^1	0,4	21	53 ± 12	50	77 ± 4
HO—C_6H_5—CO—R^1	0,15	18	40 ± 8	12	44 ± 2
Ala—R^1	1,4	495	170 ± 40	8	90 ± 4
Lys—R^1	1,0	191	320 ± 55	12	100
Lys—Phe—Tyr—Gly—Leu—Met—NH_2	0,45	270	396 ± 98	10	96 ± 4
R^2 = Phe—Phe—Gly—Leu—Met—NH_2	35	314	28 ± 6	350	67 ± 4
Gln—R^2	1,0	13	29 ± 7	9	72 ± 4
Gln—Gln—R^2	0,56	51	113 ± 25	42	82 ± 4
Lys—Pro—Gln—Gln—R^2	0,21	56	207 ± 30	14	85 ± 3
Arg—Pro—Lys—Pro—Gln—Gln—R^2	0,49	12	15 ± 3	24	75 ± 4

Hingegen wirken sich N-terminale Aminogruppen, insbesondere die Einführung des basischen Lysins, steigernd auf die efficacy aus, bei den Hexapeptiden jedoch unter starkem Abfall der Affinität.

Bindung und Effekt-Kopplung werden also durch verschiedene „Wirkungs-Verstärkergruppen" unterschiedlich beeinflußt, ihr Informationsgehalt spricht verschiedene Teile des Wirkungsmechanismus unterschiedlich an.

Auf der Suche nach Antagonisten bzw. nach einer Gruppierung, die für die Effekt-Kopplung verantwortlich ist, gingen wir von diesen Beobachtungen aus. Der HO—C_6H_5—CH_2—CO-Rest (HOPA) war wegen seiner besonders ausgeprägten affinitätssteigernden und efficacy-senkenden Eigenschaften für uns interessant.

Es sind bisher folgende strukturanaloge, kompetitive Antagonisten wirksamer Peptide bekannt: Glukagon und LHRH (Strukturvariation am Histidin), Oxytocin (am Tyrosin), Angiotensin und Gastrin (am Phenylanalin) und ACTH (am Tryptophan). Es scheinen also aromatische AS für die Effekt-Kopplungs-Funktion eine Bedeutung zu haben.

Daraus ergab sich für uns das Konzept, zunächst den Phe-Rest am N-Terminus des essentiellen Pentapeptids auszutauschen.

Das entsprechende HOPA—Ala—Phe—Gly—Leu—$MetNH_2$ zeigte ebenso wie das HOPA—Phe—Phe—Gly—Gly—$MetNH_2$ bei starkem Wirkungsabfall jedoch keinen Hinweis auf einen Antagonismus am glatten Muskel.

Die Befunde zur relativen Affinität dieser Analoga bedürfen sicher noch der Ergänzung und Bestätigung an rezeptortragenden Fraktionen glattmuskulärer Organe. Daran wird z. Z. bei uns gearbeitet. Eine besondere Rolle spielen dabei die hochaffinen acylierten kurzkettigen Analoge. Sie sind nämlich weitgehend gegen den proteolytischen Abbau durch die angewandten subzellulären Systeme geschützt.

Erinnern wir uns zurück, daß SP hinsichtlich aller untersuchten glattmuskulären Effekte praktisch wirkungsidentisch mit dem C-terminalen Hexapeptid war, so drängt sich der Gedanke auf, ob die N-terminale Peptidkette nicht auch die Funktion eines „Puffers" gegen den sukzessiven Abbau durch Aminopeptidasen beinhaltet, die nach unseren bisherigen Kenntnissen bei der Inaktivierung von SP-Peptiden eine Hauptrolle spielen.

Die Kenntnis von der Rolle von Teilsequenzen, das Erzielen voller, modifizierter, verstärkter und differenzierter biologischer Effekte ist von erheblicher praktischer Bedeutung. So wird z. B. der ACTH-Bedarf heute überwiegend mit der synthetischen Sequenz 1—24 (Synacthen Ciba) gedeckt.

Für die Säureausschüttung bei der Magen-Diagnostik wird das Pentagastrin, ein aus 5 AS-Resten bestehender Teil des 17 AS umfassenden natürlichen Sekretions-Regulators, der tert. Butyloxycarbonyl-β-Alanin statt Glycin enthält, benutzt.

Formel 3: C-terminale Sequenzen von Gastrin, Pankreozymin/Cholecystokinin und Sequenz des Caeruleins. Boc = tert. Butyloxycarbonyl-

Gastrin: pGlu—7AS—Glu—Glu—Ala—Tyr—*Gly—Trp—Met—Asp—Phe—*NH_2
(Tyr: (OSO_3H))

Pentagastrin®
Acignost: Boc—β—Ala—Trp—Met—Asp—Phe—NH_2
(Berlin-Chemie)

Pankreozymin: 23AS—Asp—Arg—Asp—Tyr—*Met—Gly—Trp—Met—Asp—Phe—*NH_2
(Tyr: OSO_3H)

Caerulein: pGlu—Glu—Asp—Tyr—Thr—Gly—Trp—Met—Asp—Phe—NH_2
(Tyr: OSO_3H)

Durch die Verlängerung des „essentiellen Tetrapeptids" Trp—Met—Asp—Phe—NH_2 wird die magensekretorische Wirkung umgeprägt in eine sekretionsauslösende

Wirkung für Galle und Pankreas, bei gleichzeitiger Verstärkung der glattmuskulären Wirkung, d. h., die Spezifität wird verändert. Das Glycin erhöht die Bindungsaffinität zum Rezeptor. Für die Kontraktion der Gallenblase ist der saure Schwefelsäureester-Rest am Tyrosin spezifitätsbestimmend, d. h., der Rezeptor hat bei gleicher Erkennungseigenschaft für die Grundinformation der Tetrapeptid-Sequenz zusätzlich eine Bindungsstelle für eine spezielle, stark saure Gruppe.

Das Caerulein stimuliert ebenfalls wie Pankreozymin die Sekretion der Galle und der Pankreas-Enzyme.

Es ist der dritte Vertreter dieser Gruppe natürlicher Peptidwirkstoffe mit verwandter Struktur und ähnlicher Wirkung.

Das Vorliegen einer an sich biologisch wirksamen Grundsequenz, deren Wirkungsspezifität durch Anfügen weiterer oder Austausch bestimmter Aminosäure-Reste verändert wird, scheint ein Prinzip der natürlichen Informationsverschlüsselung zu sein, das sicher entwicklungsgeschichtliche Ursachen hat.

Man kann eine Vielzahl von Peptidhormonen zu Gruppen zusammenfassen, weil ihnen bestimmte, die Grundwirkung determinierende Sequenzen gemeinsam sind.

Ein Beispiel dafür ist die Gruppe Eledoisin, Physalaemin, Substanz P, Phyllomedusin und Uperolein. Auch die von Erspamer und Anastasi in niederen Tierarten aufgefundenen weiteren Tachykinine Ranatensin, Bombesin, Litorin und Alytesin, die alle die C-terminale Sequenz Gln—Trp—Ala—Val—Gly—His—Leu—Met—NH_2 bzw. —Phe—Met—NH_2 enthalten, bilden eine solche Familie.

Das Beispiel: Gastrin—Pankreozymin, Caerulein vgl. Formel 3.

Sehr starke Sequenzähnlichkeiten finden sich auch in der Gruppe Glukagon, Sekretin (stimuliert die Pankreas-Elektrolytausscheidung), vasoaktives Intestinalpeptid (VIP) und Gastrin-inhibierendes Peptid (GIP), Hormone, die im oberen Dünndarmbereich und im Pankreas freigesetzt werden. Auf die Wiedergabe der Formeln sei hier verzichtet.

Nun möchte ich noch kurz 2 Beispiele behandeln, bei denen eine dreidimensionale Organisation der Information vorliegt: Oxytocin/Vasopressin, den strukturverwandten Hormonen aus dem Hypophysen-Hinterlappen.

Sie wirken auf die glatte Muskulatur des Uterus, das Gefäßsystem (pressorische Wirkung), den Wasser- und Ionentransport in der Niere (Antidiurese), wobei durch den Aminosäure-Austausch in Pos. 3 und 8 die Spezifität umgeprägt wird. Aus der Vielzahl synthetischer Analoga, der Kenntnis der Konformation in Lösung sowie der Auffindung von verstärkt wirkenden Analoga und Antagonisten lassen sich die Funktionen bzw. Informationsgehalte recht gut einzelnen Aminosäure-Resten und anderen Teilstrukturen zuordnen, wie auch aus Tabelle 7 hervorgeht, vgl. [11].

Man hat auch schon eine recht gute Vorstellung von der räumlichen Anordnung der in Wechselwirkung tretenden Aminosäure-Reste durch die von Walter et al. vorgeschlagene Raumstruktur [12].

Vom Insulin kennt man nach der Röntgenstrukturanalyse durch die Gruppe von

Tabelle 7
Sequenzen des Oxytocins (OT) und Vasopressins (VP) mit Zuordnung bestimmter Funktionen zu einzelnen Aminosäure-Resten. Die Pfeile kennzeichnen die bevorzugten Angriffsstellen für den enzymatischen Abbau im Organismus

OP: Cys—Tyr—Ile—Gln—Asn—Cys—Pro—Leu—Gly—NH_2

1 2 3 4 5 6 7 8 9

VP: ——————Phe——————————————Arg————

Rezeptor-Bindung: Ile bzw. Phe, Gln, Leu, $GlyNH_2$
-Spezifität: Ile — Phe, Leu—Arg, Gln
Effekt-Kopplung: Tyr (OH), Pos. 1 und 2
Konformations-Fixierung: Asn, —CO—NH—, Ring
Abbau-Schutz: 1. Desamino-OT
2. $S—CH_2$ statt S—S
3. 8—D—Arg, 9—NH—NH—CO—

D. C. Hodgkin die räumliche Lage für die Wirkung wichtiger Aminosäure-Reste, die durch die 3 Disulfidbrücken relativ stark fixiert sind.

Auf einer Seite der Moleküloberfläche sind die Sequenzbereiche konzentriert, die für die Wirkung essentiell sind und wahrscheinlich mit dem Rezeptor in direkte Wechselwirkung treten (A_1 bis A_7, A_{19}—A_{21}, B_{19}—B_{25}). Vgl. dazu [13].

In diesen Bereichen finden sich auch nur wenige Aminosäure-Austausche im Laufe der phylogenetischen Entwicklung.

Hingegen sind z. B. die relativ flexiblen, aus der kompakten Struktur herausragenden Enden der B-Kette austauschbar, sie können z. T. sogar ohne Wirkungsverlust weggelassen, d. h. proteolytisch abgespalten werden.

Da nach Weitzel [14] das Pentapeptid der B-Kette Arg—Gly—Phe—Phe—Tyr und auch bereits das Tetrapeptid Arg—Gly—Phe—Phe (in allerdings sehr hohen Konzentrationen) insulinähnliche Effekte machen, kann man hier ein „Aktives Zentrum“ vermuten. Jedoch reichen beim Insulin die Ergebnisse der Struktur-Wirkungs-Beziehungen noch nicht aus, um bestimmte Funktionen einzelnen Aminosäure-Resten oder Sequenzbereichen zuordnen zu können.

Die Anschauung, daß in Peptiden und Proteinen die Information durch die Aminosäure-Kombinationen verschlüsselt ist, so wie in der Sprache durch die Buchstaben-Kombinationen, ist schon sehr alt.

Die Vorstellung über die Bedeutung einzelner Silben und Buchstaben in der „Peptidsprache“ hat sich mit der Kenntnis über den molekularen Wirkungsmechanismus in seinen einzelnen Teilen und Phasen Hand in Hand entwickelt. Ausgangspunkt für den jetzigen Stand der Erkenntnis über informationstragende Proteine war neben der Sequenz-Analyse von Peptiden und Proteinen gleicher Funktion in verschiedenen phylogenetischen Entwicklungsstufen besonders die Chemosynthese von Strukturanalogen der Peptidhormone.

Es hat sich dabei auch gezeigt, daß eine ausgeglichene Verteilung hydrophober, polarer, relevanter und redundanter Aminosäurereste ebenso notwendig ist wie eine bestimmte Verteilung von Vokalen und Konstanten in der Sprache. Peptide und Rezeptoren können mehr als nur wechselwirken, sie können erkennen und selektionieren. Sie sind ein wesentlicher Teil der biologischen Struktur-Funktions-Organisation. Es handelt sich bei diesen Vorgängen um Wechselwirkungen mit einer strukturellen Verwandlung der Partner, um einen Widerspiegelungsprozeß auf molekularer Basis, also um mehr als nur eine Informationsübertragung.

Literatur

[1] Cuatrecasas, P.: J. biol. Chem. **246**, 7265 (1971).
[2] Triggle, D. J.: in Neurotransmitter-receptor-interactions. Academie Press. Inc., London, New York, 1971.
[3] Nemethy, G.: Angew. Chem. **79**, 260 (1967).
[4] Grant, G., W. Vale, R. Guillemin: Endocrinology **92**, 1629 (1973).
[5] Schwyzer, R.: in Peptides 1972, North Holland Publ. Comp. Amsterdam-London, p. 424, Eds. Hanson, Jakubke.
[6] Schwyzer, R.: in Protein and Polypeptide Hormones, Liege 1968, Excerpta Medica. Int. Congr. Series No. 161, p. 201.
[7] Regoli, D., W. K. Park, F. Rioux: Pharmacolog. Reviews **26**/2, 69 (1974).
[8] Tsai, B.-S., M. J. Peach, M. C. Khosla, F. M. Bumpus: J. Med. Chem. **18**, 1180 (1975).
[9] Bergmann, J., P. Oehme, M. Bienert, H. Niedrich: Experientia **30**, 1315 (1974).
[10] Bergmann, J., P. Oehme, M. Bienert, H. Niedrich: Acta biol. med. germ. **34**, 475 (1975).
[11] Rudinger, J., V. Pliska, J. Krejci: Recent Progress in Hormone Research, Vol. 28, Academie Press. Inc., New York-London 1972 p. 121.
[12] Walter, R., I. L. Schwarz, J. H. Darnell, D. W. Urry: Proc. Nat. Acad. Sci. USA, **68**, 1355 (1971).
[13] Blundell, T., L. J. Cutfield, G. Dodson, D. C. Hodgkin u. a.: in l. c. [5], p. 255 (1972).
[14] Weitzel, G., K. Eisele, H. Guglielmi, W. Stock, R. Renner: Hoppe-Seylers Z. Physiol. Chem. **352**, 1735 (1971).

Autorenverzeichnis

Arold, Helmut, Dr., Friedrich-Schiller-Universität, Jena, Sektion Biologie
Bigl, Heidrun, Dr., Karl-Marx-Universität, Leipzig, Sektion Biowissenschaften
Eckert, Manfred, Dr., Friedrich-Schiller-Universität, Jena, Sektion Biologie
Gersch, Manfred, Ordentliches Mitglied der Akademie der Wissenschaften der DDR
Matthies, Hansjürgen, Ordentliches Mitglied der Akademie der Wissenschaften der DDR
Niedrich, Hartmut, Prof. Dr. sc., Institut für Wirkstofforschung der Akademie der Wissenschaften der DDR
Ott, Tilmann, Dr. med., Medizinische Akademie, Magdeburg, Institut für Pharmakologie und Toxikologie
Richter, Klaus, Dr. sc., Forschungsstelle Prof. Gersch, Jena
Stark, Holger, Dr., Karl-Marx-Universität, Leipzig, Sektion Biowissenschaften
Sterba, Günther, Ordentliches Mitglied der Akademie der Wissenschaften der DDR
Ude, Joachim, Dr. sc., Friedrich-Schiller-Universität, Jena, Sektion Biologie
Unger, Hans, Prof. Dr., Medizinische Akademie Magdeburg, Physiologisches Institut